Conversas com
líderes sustentáveis

O QUE APRENDER
COM QUEM FEZ OU ESTÁ FAZENDO
A MUDANÇA PARA A
SUSTENTABILIDADE

Dados Internacionais de Catalogação na Publicação (CIP)
(Câmara Brasileira do Livro, SP, Brasil)

Voltolini, Ricardo
Conversas com líderes sustentáveis : o que aprender com quem fez ou está fazendo a mudança para a sustentabilidade / Ricardo Voltolini. – São Paulo: Editora Senac São Paulo, 2011.

Bibliografia
ISBN 978-85-396-0115-8

1. Desenvolvimento econômico 2. Desenvolvimento sustentável 3. Empresas – Aspectos ambientais 4. Empresas – Responsabilidade social 5. Gestão ambiental 6. Líderes – Entrevistas 7. Meio ambiente 8. Política ambiental 9. Responsabilidade social I. Título.

11-04080	CDD-658.408

Índices para catálogo sistemático:
1. Empresas e desenvolvimento socioeconômico e
ambiental : Administração   658.408
2. Empresas e desenvolvimento sustentável :
Administração   658.408

1ª edição: 2011; 1ª reimpressão: 2011; 2ª reimpressão: 2012

Conversas com
líderes sustentáveis

O QUE APRENDER
COM QUEM FEZ OU ESTÁ FAZENDO
A MUDANÇA PARA A
SUSTENTABILIDADE

RICARDO VOLTOLINI

ADMINISTRAÇÃO REGIONAL DO SENAC NO ESTADO DE SÃO PAULO
Presidente do Conselho Regional: Abram Szajman
Diretor do Departamento Regional: Luiz Francisco de A. Salgado
Superintendente Universitário e de Desenvolvimento: Luiz Carlos Dourado

EDITORA SENAC SÃO PAULO
Conselho Editorial: Luiz Francisco de A.Salgado
Luiz Carlos Dourado
Darcio Sayad Maia
Lucila Mara Sbrana Sciotti
Jeane Passos Santana

Gerente/Publisher: Jeane Passos Santana (jpassos@sp.senac.br)
Coordenação Editorial: Márcia Cavalheiro (ialexand@sp.senac.br)
Thaís Carvalho Lisboa (thais.clisboa@sp.senac.br)
Comercial: Rubens Gonçalves Folha (rfolha@sp.senac.br)
Administrativo: Luis Americo Tousi Botelho (calves@sp.senac.br)

Edição de Texto: Leia Guimarães
Preparação de Texto: Eloiza Helena Rodrigues
Revisão de Texto: Denise de Almeida, Luiza Elena Luchini, Rinaldo Milesi
Projeto Gráfico: Antonio Carlos De Angelis
Fotos: Divulgação
Foto da Capa: iStock / © rzdeb
Impressão e Acabamento: Ibep Gráfica Ltda.

Proibida a reprodução sem autorização expressa.
Todos os direitos reservados
Editora Senac São Paulo
Rua Rui Barbosa, 377 – 1º andar – Bela Vista – CEP 01326-010
Caixa Postal 1120 – CEP 01032-970 – São Paulo – SP
Tel.(11) 2187-4450 – Fax (11) 2187-4486
E-mail: editora@sp.senac.br
Home page: http://www.editorasenacsp.com.br

© Ricardo Voltolini, 2011

Sumário

Nota do editor, 7

Prefácio | *Fernando Almeida*, 9

Apresentação, 15

PARTE 1. LIDERANÇA SUSTENTÁVEL: O CONTEXTO, 19

Eles não estão brotando em árvores, 21

Os quatro desafios-chave, segundo o
Pacto Global da ONU, 27

Dois pensadores da liderança para a sustentabilidade, 31

Uma pioneira e um reformador, 37

Descobrindo líderes na "periferia" das organizações, 47

As quatro categorias de agentes de mudança
da sustentabilidade, 53

Quatro modelos mentais para líderes sustentáveis, 57

As vinte atribuições do líder em sustentabilidade, 65

Os grandes dilemas da transição de modelos, 71

O que há de comum e de diferente entre os líderes convencionais
e os líderes em sustentabilidade, 75

PARTE 2. CONVERSAS COM LÍDERES SUSTENTÁVEIS, 85

Guilherme Peirão Leal – Liderança com Eros à flor da pele, 87

Fábio Barbosa – A coerência emblemática, 105

Luiz Ernesto Gemignani – O formador de líderes jardineiros, 123

Franklin Feder – Um líder de ouvido atento, 137

Paulo Nigro – O bom reciclador ao planeta retorna, 151

Kees Kruythoff – O desafio de converter energia em compromisso, 165

Héctor Núñez – As convicções do intrépido Capitão Água, 181

José Luciano Penido – Aprendendo a lidar com o antagonismo, 197

Miguel Krigsner – Um zelador de consciências, 209

José Luiz Alquéres – Um líder por cidades menos energívoras, 221

PARTE 3. ATRIBUTOS E CRENÇAS NA VISÃO DOS LÍDERES SUSTENTÁVEIS, 235

Sobre atributos de um líder em sustentabilidade, 237

Sobre crenças de um líder em sustentabilidade, 243

Bibliografia, 247

Agradecimentos, 251

Nota do editor

Qualquer organização que pretende ser sustentável deve extrapolar a visão limitada de si e criar modelos capazes de atender às demandas atuais que incluem os contextos ambiental e social.

A sustentabilidade, longe de constituir uma abstração, aparece como desafio ao comando das organizações. A necessidade de mudanças endógenas, o empreendedorismo social, a questão da cidadania solidária e outros temas instigantes fazem parte dessa agenda para a sustentabilidade. E, para responder ao desafio, exige-se uma liderança que ultrapasse o potencial dos indivíduos, uma "liderança em rede".

Em face das questões mundiais que colocam em xeque o desperdício e o consumismo sem freios, prepara-se o caminho que se impõe pela sustentabilidade. Não obstante, há quem resista às mudanças necessárias. Mas o líder sustentável, munido de lucidez e paixão, multiplicará lideranças.

Diante desse quadro, o Senac São Paulo contribui com esta publicação de inegável atualidade para o desenvolvimento nacional, o crescimento das lideranças e a cultura da sustentabilidade.

PREFÁCIO

Recado aos estadistas corporativos

Conversas com líderes sustentáveis aborda, de forma lúcida e direta, o elo mais difícil da transição da economia arcaica para a economia verde: o operador da mudança.

É crucial que aceleremos essa mudança de rumo, porque não há muito tempo, e a alternativa será a convivência com eventos extremos cada vez mais frequentes e intensos.

As novas lideranças – prefiro o termo "estadistas corporativos", que cunhei em um de meus livros – estão em formação. Eles terão de lidar com um "admirável mundo novo" que descrevo adiante.

Conheci Ricardo Voltolini após uma palestra que proferi há alguns anos na Unimed, no Rio de Janeiro. Estabelecemos uma parceria informal de colaboração mútua por vários momentos e oportunidades. Desenvolvi sólido respeito por seu trabalho, em especial na formação de opinião e de capacidade gerencial na área socioambiental de profissionais dos mais diversos ramos.

Neste trabalho, Voltolini expõe a premissa – com a qual concordo – de que, na dimensão da sustentabilidade, seja corporativa, seja da sociedade *latu sensu*, a formação se dá com base na mudança de comportamento, e não somente pelo aprendizado formal.

Interagir com as mais expressivas e duras experiências do mundo da sustentabilidade corporativa – como sugere Voltolini – contribui para deixarmos o ativismo lírico e entrarmos no mundo do profissional de resultados mensuráveis. Sem isso, não há evolução.

Três blocos compõem este livro – abordagem técnica, entrevistas com lideranças importantes do mundo empresarial e, finalmente, as visões de tomadores de decisão –, constituindo uma nova base de informações para capacitar o operador em sustentabilidade.

Concordo, ainda, com os quatro desafios enumerados pelo autor: educar revendo atitudes; pensar e agir globalmente; incorporar ética no dia a dia da empresa; ir além do lucro, considerando, no processo de decisão rotineiro, tanto os serviços ambientais quanto a sociedade.

Conversas com líderes sustentáveis aborda exemplos clássicos de pioneirismo em sustentabilidade no mundo dos negócios, como InterfaceFlor e The Body Shop, entre outros, e define quatro categorias de profissionais nas empresas: especialistas, facilitadores, canalizadores e ativistas.

O líder no estágio de estadista corporativo terá, necessariamente, de incorporar e atuar em todas essas funções.

Reconheço como fundamentais as vinte contribuições para o líder em sustentabilidade enumeradas pelo autor, assim como as contribuições dos entrevistados.

Tive e tenho a oportunidade de conviver com alguns dos citados, em especial Guilherme Leal, Fábio Barbosa e Franklin Feder.

Refletindo sobre a formação do líder em sustentabilidade neste momento, percebo um cenário – provável – com o qual esse profissional irá conviver no curtíssimo e médio prazos.

Não sabemos os rumos do planeta nas próximas décadas. Mas há como vislumbrar perspectivas no caminho da sustentabilidade. Perspectivas que, no entanto, estarão sob constantes riscos.

Os riscos são muitos. Os desdobramentos da recessão mundial nesta década; a contínua e equivocada forma de exploração dos recursos naturais, muitos deles caminhando para a escassez; quebra da produção de alimentos por secas e inundações induzidas pelas mudanças do clima; a irrecuperabilidade da cobertura vegetal, em especial a Amazônia; o não atendimento da demanda por energia de baixo carbono, ou mesmo controle da emissão por meio de tecnologias de captura e armazenamento de gases de efeito estufa. Tudo isso associado a tensões sociais, terrorismo e guerras.

Apesar dos riscos mencionados, temos como perspectiva que o desenvolvimento humano num mundo em contínuo processo de organização poderá atender, ao final das próximas quatro décadas, às metas de acesso à educação, mobilidade, energia, alimentação, cuidados com a saúde, habitação e consumo de bens e serviços. Tais objetivos, evidentemente, deverão permanecer nos limites da biocapacidade suporte do planeta, cuja população estará estabilizada, em 2050, em torno de 9 bilhões de habitantes.

Empreendedorismo e inclusão socioeconômica dependerão do sucesso em promover o comércio responsável (*fair trade*) entre as nações (com eliminação de subsídios nefastos, como o estímulo à indústria do carvão, por exemplo), infraestrutura para economias pobres, generalização do microcrédito, uso do conhecimento das comunidades, valorização de lideranças locais, transparência nos investimentos e avaliação permanente de seus resultados na educação para crianças e jovens, gestão sistêmica das cidades, oportunidades e atendimento à terceira idade, entre outros itens fundamentais para a construção do novo modelo de desenvolvimento.

A possível recessão, antes mencionada, deverá, na visão da sustentabilidade, ser combatida não com os métodos do século XX, e sim pela economia verde, melhorando o padrão de vida de bilhões de seres humanos que ainda não dispõem de suprimento adequado de água, alimentos e eletricidade.

Parcerias entre os países desenvolvidos, em desenvolvimento e emergentes serão fundamentais na implementação de ações voltadas para a adaptação às mudanças do clima.

Nas cidades, sistemas de circuito fechado poderão gerar resíduo zero, e novas formas de energia limpa e segura deverão ser desenvolvidas, melhorando a mobilidade.

Países ricos em ativos ambientais e pobres economicamente são considerados chave para a estabilização dos recursos naturais. A biocapacidade deverá atrair fundos globais e desenvolver habilidades profissionais, infraestrutura e eficiência na gestão dos recursos naturais e energia renovável.

Nas próximas décadas, até 2050, corporações globais deverão incluir em suas cadeias de fornecimento pequenas e médias empresas locais, de forma a incrementar a capacidade profissional local e, ao mesmo tempo, combater o analfabetismo e racionalizar o uso de energia e transporte.

Novas tecnologias disponíveis a todos poderão ampliar a dignidade humana, tanto no tratamento de doenças infecciosas de veiculação hídrica e aérea, quanto nas doenças crônicas ou aquelas ligadas à terceira idade. Nesse sentido, o foco na prevenção, incorporando os conhecimentos tradicionais, poderá edificar sistemas de saúde de eficiência desconhecida neste início de século.

O contínuo aprimoramento da educação da mulher, em várias faixas etárias, deverá induzir a redução das taxas de nascimento e de mortalidade infantil, e a consequente melhoria da saúde e da renda familiar, definindo um novo sentido de prosperidade.

Em 2050, prosperidade, diferentemente de 1950, deverá ser definida como alegria (na convivência familiar, entre amigos, na comunidade, no trabalho), equilíbrio das condições de vida (meio ambiente, saúde, educação, equidade), bem-estar (lazer, segurança, emprego), além dos itens que compõem o tradicional Produto Interno Bruto.

A escolha do rumo que temos à frente é da sociedade mundial. O livro de Voltolini colabora, significativamente, para que essa opção seja sábia.

A condução pelo melhor caminho ficará nos ombros dos estadistas corporativos que começam a participar do poder de decisão dentro das corporações e governos, local e mundialmente.

Fernando Almeida
Autor de *Experiências empresariais em sustentabilidade*

Apresentação

Este livro começou a nascer, a rigor, no final de 2008, depois de um longo ensaio jornalístico produzido por mim e por minha equipe para a revista *Ideia Sustentável*. Na reportagem denominada "Quem são os Mandelas da sustentabilidade?", entrevistamos, ao longo de dois meses, dezenove pessoas, entre presidentes de empresas, especialistas e executivos de responsabilidade social, tentando traçar o perfil do líder em sustentabilidade, como ele se forma e que desafios enfrenta no comando das organizações.

A matéria – é justo ressaltar – inspirou-se na reflexão de um amigo, Fernando Almeida, então presidente do Conselho Empresarial Brasileiro para o Desenvolvimento Sustentável (CEBDS). No livro que acabara de lançar, *Os desafios da sustentabilidade* (Almeida, 2008, p. 217), Almeida fez uma provocação sobre quem seria o "Mandela da sustentabilidade", referindo-se a uma figura mundialmente conhecida pela defesa do futuro do planeta. Embora reconheça em Al Gore, o "ex-quase-presidente" dos Estados Unidos e Prêmio Nobel da Paz de 2008, um sério candidato por sua pregação em *Uma verdade inconveniente*, o autor conclui que o posto está vago.

E atribui a lacuna ao fato de o conceito de sustentabilidade, complexo por natureza, seguir "enclausurado numa elite intelectual", não tendo se disseminado o suficiente para produzir lideranças vistosas e marcantes.

O mundo, segundo Almeida, anda carente de líderes sustentáveis, "estadistas corporativos", com "a visão e a energia necessárias para catalisar as mudanças para a sustentabilidade e as características necessárias para conduzi-las" (*Ibid.*, p. 218). Essa é uma ideia com a qual concordo integralmente. Tanto mais porque ela me "cutuca", todos os dias, na minha experiência de lidar com sustentabilidade empresarial.

Foi pensando em contar a história dos bons "estadistas corporativos brasileiros" que resolvi escrever este livro. Ele é resultado, na verdade, de duas crenças pessoais. A primeira, de que não existe melhor forma de aprender a ser líder em sustentabilidade do que conviver com outro líder. E a segunda, pode ser sintetizada na frase de Howard Gardner, professor da Universidade de Harvard: "Um dos segredos – talvez o segredo – da liderança é a comunicação eficaz de uma história" (Gardner, 1995, p. 62).

No Brasil, felizmente, já há uma safra de bons líderes sustentáveis. No entanto, a experiência deles permanece restrita ao universo das empresas nas quais atuam. Em alguns casos, expande-se para o mercado da empresa. E, rarissimamente, influencia empresas de outros segmentos ou o conjunto das empresas do país.

O que procuro fazer aqui, na condição de intermediário, é lançar luz sobre essas histórias, destacar ideias e crenças, realçar obstáculos e lições aprendidas, movido sempre pela intenção calculada de que elas inspirem, mobilizem, proporcionem reflexão, indiquem caminhos e alternativas. Que sejam, enfim, e no sentido mais amplo do termo, educativas.

Este livro divide-se em três partes. A parte 1, "Liderança sustentável: o contexto", utiliza como eixo ideias exploradas em artigos de minha autoria, escritos entre 2008 e 2010 para a coluna semanal sobre sustentabilidade que mantive por quatro anos na extinta *Gazeta Mercantil*. São textos não datados, ainda muito vivos, elaborados sob a inspiração de livros e autores internacionais que tratam, direta ou indiretamente, da liderança para a sustentabilidade e os seus desafios. Ao atualizá-los, com o acréscimo de novas informações e importantes notas de rodapé, minha intenção foi contextualizar um tema absolutamente novo, de escassas referências bibliográficas, oferecendo ao leitor um repertório de bons motes para aprofundamento e reflexão.

A parte 2 é a "cereja do bolo". Reúne, na forma de dez perfis jornalísticos, inspiradoras conversas com líderes sustentáveis e dá nome ao próprio livro. Sobre ela vale destacar dois aspectos:

1. A escolha dos personagens observou, como primeiro critério, a relevância da empresa e do presidente no tema da sustentabilidade. Para defini-los, recorri à recomendação de uma rede de especialistas. A ideia era não apenas validar as escolhas, mas descobrir se, por trás delas, encontraria líderes com histórias realmente boas para contar. Alguns dos nomes foram recomendados por unanimidade. Outros apareceram em pelo menos 80% das indicações.

2. Nem todos os líderes entrevistados tornaram-se personagens de capítulos à parte. Não porque suas histórias não o merecessem. Mas por um critério editorial de enfoque e espaço. O modo que encontrei de valorizar suas opiniões foi abrir uma parte 3, organizando-as livremente, sob a forma de respostas a perguntas que foram feitas ao longo do processo de entrevista. Com ela, espero que se sintam, de algum modo, recompensados pelo tempo dedicado às entrevistas. Considero-a, particularmente, um bônus especial ao leitor.[1]

Costuma-se dizer, não sem alguma razão, que livros escritos com base em entrevistas jornalísticas correm maior risco de se tornarem produtos perecíveis. Duas seriam as principais razões. A primeira diz respeito ao aspecto "datado" do texto, consequência do compromisso do entrevistador com o factual e com as referências de um determinado momento histórico. A segunda refere-se a uma suposta fragilidade dos conteúdos, decorrente da impossibilidade de o

---

[1] Trechos de algumas dessas entrevistas – vale ressaltar – foram publicados na revista *Ideia Sustentável*, nas edições nº 9, set. de 2007, pp. 16-29, e nº 10, dez. de 2007, pp. 58-61.

entrevistado aprofundar-se em suas reflexões e respostas, por ter de ajustar a fluência de seu pensamento aos estímulos e ao ritmo ditado pelo entrevistador.

Seria pretensioso afirmar que este livro não padece, ainda que parcialmente, de nenhuma dessas limitações. A seu favor, no entanto, contam dois pontos importantes. Primeiro: a intencionalidade. Ao contrário das entrevistas publicadas em jornal ou revista que acabam mais tarde reunidas e organizadas em livro, as desta obra foram planejadas para virar livro. Assim, propositalmente, apoiam-se nas ideias, crenças e experiências dos personagens, mais do que nos fatos pontuais cobrados pelo rigor jornalístico. Os fatos estão lá, é claro. E nem poderia ser diferente. Mas apenas os que, de algum modo, são imprescindíveis para emprestar um eixo cronológico e ilustrar as histórias.

Segundo ponto: a qualidade e disponibilidade dos personagens. Um livro como este não teria sido possível se os entrevistados: 1) não tivessem boas histórias de mudança para contar; 2) não as soubessem contar, com gosto e interesse; 3) não se dispusessem a partilhá-las com generosidade de tempo, presença e entrega; 4) não compreendessem e assimilassem o elevado propósito da missão de educar, que passou a ser compulsória no momento em que aceitaram a convocação.

Se algum mérito este livro tiver, devo-lhe aos presidentes entrevistados. Eventuais imprecisões, por sua vez, devem ser debitadas exclusivamente na conta do entrevistador, não cabendo a eles nenhum tipo de responsabilidade.

1

Liderança sustentável: o contexto

Eles não estão brotando em árvores

É opinião relativamente comum que os mercados só irão incorporar, de fato, a cultura da sustentabilidade quando houver, à frente das empresas, mais líderes apaixonados pelo tema. E eles não estão brotando em árvores. Ninguém duvida que as melhores escolas de negócios preparam gestores qualificados no Brasil e em todo o mundo. Mas, ao que parece, ainda não têm sido suficientemente competentes para formar líderes com um perfil bastante peculiar, como os que oferecem suas histórias na parte 2 deste livro.

O Pacto Global[1] deu-se ao trabalho de apontar o que seriam os traços distintivos desse perfil. Em um relatório de 2004, intitulado *Liderança globalmente responsável: um chamado ao engajamento*, o programa da ONU afirmou que esses líderes são pessoas que valorizam o desenvolvimento humano e as riquezas naturais, tanto quanto o capital financeiro e

---

[1] Trata-se de uma iniciativa desenvolvida desde 1999 pela Organização das Nações Unidas (ONU) com o objetivo de mobilizar a comunidade empresarial internacional para a promoção de valores essenciais de direitos humanos, trabalho e meio ambiente. Hoje, o Pacto Global tem mais de 5.200 empresas signatárias, articuladas em 150 redes ao redor do mundo.

estrutural. Mais do que isso, creem que suas empresas detêm a criatividade e os recursos necessários para solucionar desafios sociais e ambientais e que, além de gerar valor para seus negócios, devem se responsabilizar pelo desenvolvimento mais amplo das comunidades nas quais estão instaladas.

Para o Pacto Global, líderes em sustentabilidade têm, ainda: 1) a coragem necessária para transpor os obstáculos à mudança, sejam eles organizacionais, regulatórios ou sociais; 2) a capacidade de produzir transformação efetiva na cultura de uma empresa, influenciando a adoção de novas atitudes e comportamentos; 3) o mérito de compreender o propósito moral e filosófico dessa transformação; 4) a capacidade de exercitar a solidariedade, a tolerância e a transparência, respeitando o outro, acolhendo a diversidade e estabelecendo um diálogo aberto e propositivo com todas as partes interessadas; 5) um elevado senso de responsabilidade que os leva a utilizar seu poder para criar valor não apenas econômico, mas também social e ambiental.

A rigor, suas vidas são regidas por princípios muito claros, firmes e inegociáveis. Além de um senso de justiça acima da média dos terráqueos e do apego a tudo o que signifique liberdade, eles têm em comum um espírito altruísta e reconhecem a interdependência entre os homens e todos os outros seres vivos do planeta.

Preocupados com o desenvolvimento sustentável, sabem que um bom empreendimento é sempre aquele – como definiu Gro Brundtland,[2] coordenadora do relatório *Nosso futuro comum* –[3] que satisfaz às necessidades do presente sem comprometer a capacidade das gerações futuras de suprir as suas próprias. Melhor do que isso, entendem que tal ideia não pode ser um mero artifício re-

---

[2] Gro Harlem Brundtland (1939) é política e diplomata norueguesa. Formada em medicina e ligada ao Partido dos Trabalhadores da Noruega (social-democrata), tornou-se, em 1981, a primeira mulher a assumir a chefia do governo daquele país, como primeira-ministra. Entre 1983 e 1987, presidiu a Comissão Brundtland da ONU, dedicada ao estudo da relação entre o meio ambiente e o progresso econômico e social.

[3] Elaborado em 1987 pela Comissão Mundial sobre Meio Ambiente e Desenvolvimento, esse documento integra uma série de iniciativas anteriores à Agenda 21 que tratam dos riscos do uso excessivo dos recursos naturais sem considerar a capacidade de suporte dos ecossistemas. O relatório *Nosso futuro comum* (1988) mostra que os padrões atuais de produção e consumo são incompatíveis com o desenvolvimento sustentável.

tórico, uma frase de efeito, politicamente correta, a ser incluída no último *slide* de uma apresentação feita sob medida para agradar em eventos corporativos.

Bons gestores são importantes para qualquer empresa e mercado. Mas líderes com princípios e valores são imprescindíveis em um mundo em constante e rápida transformação. Citado no documento do Pacto Global, o lendário Harold J. Leavitt[4] apresentou, certa vez, um comentário ácido sobre o sistema de formação de executivos. Para o especialista, as escolas de negócios desenvolvem um "processo estranho que distorce aqueles que são sujeitos a ele e os converte em criaturas com mentes desequilibradas, corações de pedra e almas sem vida" (Leavitt *apud* Pacto Global da Organização das Nações Unidas, 2004, p. 13).

Afora o proposital exagero nas palavras e a sobrecarga nas tintas alegóricas, o que está na base do argumento de Leavitt – uma espécie de psicanalista de corporações – é o julgamento de uma modalidade de educação ainda conceitualmente associada a um pensamento empresarial do século passado, pós-revolução industrial, que se circunscreve a uma noção mecanicista, confere destaque excessivo ao ferramental técnico, separa as disciplinas do conhecimento e desconsidera os novos papéis das empresas no relacionamento com a sociedade e o meio ambiente.

As entrevistas feitas com os líderes perfilados neste livro somente confirmam uma ideia recorrente nos seminários, fóruns e eventos especializados em sustentabilidade empresarial: se quiserem, de fato, formar uma nova geração de líderes sustentáveis, as escolas de negócios não poderão apenas transmitir conhecimento teórico ou treinar habilidades e competências. Precisarão, mais do que isso, desenvolver novos modelos mentais para que os gestores do século XXI deixem de "rodar" com um *software* velho, do século passado, quando as empresas eram entidades autossuficientes, ensimesmadas, quase autistas; meio ambiente e sociedade representavam um universo paralelo à existência corporativa, e a lógica econômica bastava para explicar não só a atividade empresarial, mas o mundo e a vida.

---

[4] Harold J. Leavitt (1922-2007) foi professor de comportamento organizacional da Escola de Negócios da Universidade de Stanford, Estados Unidos, notabilizando-se como um dos primeiros especialistas a abordar a psicologia empresarial.

A inclusão do conceito de sustentabilidade nos programas de educação de administradores tem sido vista como uma possível alternativa. E os seus defensores argumentam que ela seja feita não como um conteúdo adicional – um curso ou disciplina suplementares, desvinculados de núcleos como *marketing*, finanças, gestão de pessoas e logística –, mas, sim, como elemento transversal de todo o processo educacional, ampliando a visão sobre a maneira de pensar e fazer negócios. Até porque sustentabilidade não é fim, muito menos área-fim.

Normalmente, são dois os desafios concretos que se impõem aos educadores. Um é de natureza curricular. Para acompanharem os atuais desafios socioambientais dos líderes, os currículos até agora estratificados precisam abranger diferentes campos do saber humano, considerando abordagens mais sistêmicas, menos particularizadas. Valorizar as questões éticas e as práticas empresariais sustentáveis e promover análises multidisciplinares sobre questões políticas, sociais, tecnológicas e ambientais estão entre as medidas recomendáveis.

O outro desafio é pedagógico. Para formarem líderes com consciência crítica, preparados para questionar premissas empresariais ainda hoje sacralizadas, as escolas de negócios terão de elaborar propostas de ensino mais horizontais, menos fundadas no velho código da transferência vertical de conteúdos, encorajando a convivência com outros pontos de vista, ainda que conflitantes com as teorias prevalentes. Deverão ser, também na sociedade, exemplo vivo de comportamento sustentável, seja envolvendo os professores em atividades voluntárias para a comunidade, seja assumindo metas de cortes de emissão de carbono, seja adotando práticas de ecoeficiência em suas instalações. Se não por convicção, ao menos pela lição óbvia, aprendida desde muito cedo na convivência com os pais, de que o exemplo educa mais do que a palavra – as histórias dos presidentes retratados neste livro evocam exatamente a força da exemplaridade e da coerência entre discurso e ação como um emblema da liderança em sustentabilidade.

Sobre educação para a sustentabilidade, convém recorrer a uma autoridade no assunto, Peter Senge.[5] Para o professor Senge, a educação só funcionará, de

---

[5] Peter Senge (1947) é professor do Massachusetts Institute of Technology (MIT), fundador da Society for Organizational Learning (SoL) e autor do famoso *A quinta disciplina* (1990).

verdade, "se as escolas que aprendem e ensinam estiverem em comunidades que aprendem e ensinam para a sustentabilidade".[6] Isso implica uma reeducação radical, baseada no "pensamento sistêmico". Pressupõe a adoção de novos formatos, dinâmicas e mudanças nos papéis e responsabilidades dos educadores. Não tem nada que ver com os currículos e modelos pedagógicos ainda hoje predominantes. O professor Senge desafia:

> PENSE NUMA ESCOLA DE NEGÓCIOS SEM PROFESSORES. [...] A PRIMEIRA REAÇÃO É DE SURPRESA. MAS LOGO AS PESSOAS REAGEM À IDEIA COM UM BRILHO NOS OLHOS. ACHO IMPORTANTE A AUTORIDADE DO PROFESSOR SOBRE OS ALUNOS. MAS O FATO É QUE O FORMATO DE ENSINO ATUAL TORNA OS ALUNOS MUITO OBEDIENTES AO QUE SE ENSINA. E A OBEDIÊNCIA VIOLA O PRIMEIRO PRINCÍPIO DA APRENDIZAGEM, QUE É DE O APRENDIZ APRENDER O QUE QUER, FAZENDO E AGINDO EM TORNO DE ALGO QUE REALMENTE O PREOCUPE.

E essa escola existe? Segundo o professor, existe sim. Chama-se Team Academy,[7] uma radical experiência finlandesa de educação corporativa, da qual ele se tornou voluntariamente um divulgador global: "Nela, aprende-se fazendo. E não há melhor forma de aprender do que fazendo. No processo de aprendizagem, os professores assumem o papel que sempre lhes coube de mentores".

Na opinião do especialista em gestão do conhecimento, "grande parte do aprendizado que nos interessa em sustentabilidade ocorre em nossas vidas, não em salas de aula ou treinamentos corporativos, que são ferramentas técnicas para gestão de pessoas". Para ele, nenhuma instituição, seja escola ou empresa, tem o poder de desenvolver pessoas. O melhor que podem fazer é oferecer os ambientes e as oportunidades para que cada indivíduo crie sua própria

---

[6] Esta e as demais citações de Peter Senge neste capítulo foram extraídas da revista *Ideia Sustentável*, nº 13, set.-nov. de 2008, seção Livre Pensar, pp. 66-68.

[7] Trata-se de uma das escolas de negócios mais inovadoras do mundo. Situada em Jyvaskyla, a 200 quilômetros ao norte de Helsinque, na Finlândia, a Team Academy baseia-se num programa que dispensa professores, salas de aula e provas, e no qual os alunos, normalmente líderes de empresas, governos e ONGs, constroem o conhecimento em atividades de grupo, refletindo sobre empreendimentos e lidando com o pensamento complexo e a sustentabilidade.

demanda de educação para a sustentabilidade. "Não podemos pensar na formação de nossos líderes depois que dermos pela falta deles. A educação só mudará com a mudança das pessoas", aposta Senge.

Os quatro desafios-chave, segundo o Pacto Global da ONU

Não por outro motivo, a educação inclui-se, segundo o Pacto Global da ONU, entre os quatro grandes desafios-chave para os líderes globalmente responsáveis. O primeiro repto consiste justamente em reestruturar a forma de educar os executivos, ajustando-a às demandas desses novos tempos, marcados pelo aquecimento global, pela evidência científica dos limites físicos do planeta, pela ressignificação das relações homem-natureza e homem-trabalho, e pela assunção de responsabilidades antes inteiramente delegadas aos governos.

O segundo desafio, mais abrangente, diz respeito a pensar e agir em um contexto global. O ambiente operacional das corporações – como se sabe – ficou a tal ponto complexo que, no mundo globalizado, tornou-se imperativo saber conjugar forças antes compartimentadas, como as tecnológicas, políticas, financeiras, ambientais e sociais. Uma decisão de negócios que aumenta as emissões de gases de efeito estufa, tomada pelo executivo de uma grande corporação chinesa, gera empregos locais, produz riqueza imediata e movimenta a economia daquele país, mas pode, por outro lado, prejudicar a vida de milhões de pessoas em todo o mundo. Nunca é demais lembrar o que já se sabe sobre a concentração de poder econômico nas empresas: das 100 maiores economias mundiais, 51 são companhias. As 200 maiores corporações controlam mais de um quarto da atividade econômica global.

O terceiro desafio, mais filosófico, está em colocar a ética no coração da gestão dos negócios. São muitas as barreiras para a adoção de uma perspectiva mais ética nas companhias, especialmente por causa do acirramento da competição, da necessidade de fazer mais com menos e da visão indulgente, porém culturalmente tolerada, de que no jogo do *business as usual* os fins justificam os meios. Será? Provavelmente, esse é um dos dogmas mais decadentes nestes tempos de ascensão do conceito de sustentabilidade e dos valores que ele implica.

Preocupado com a queda de confiança no ambiente que o legitima, motivada pelo comportamento não ético e pouco transparente de certas empresas, o próprio mercado vem criando mecanismos de autorregulação, controle e prevenção. Com isso, pretende evitar a ocorrência de escândalos como os que envolveram, na virada do século XX, grandes companhias como a WorldCom e a Enron,[1] já desaparecidas do mapa. Empresas pouco transparentes soam cada vez menos prósperas e mais insustentáveis. A confiança virou fator--chave de sucesso num mundo de sociedades e consumidores cronicamente desconfiados.

O quarto desafio – vetor nuclear do conceito de sustentabilidade – consiste em estender o propósito das empresas para além das fronteiras econômico--financeiras. Bom de falar, difícil de fazer. O lucro é e sempre será, por óbvio, a razão de ser de toda empresa. O que se prega de modo cada vez mais contundente, no entanto, é que ele venha acompanhado de preocupações sociais e ambientais, até para se tornar mais legítimo. E é nisso que acreditam – cada um

---

[1] Essas empresas norte-americanas foram envolvidas em rumorosos escândalos de maquiagem de balanço contábil no início dos anos 2000, fato que levou o mercado a criar regulações mais rígidas com o objetivo de assegurar a transparência da gestão financeira.

a seu modo – líderes como Muhamad Yunus, diretor e fundador do Grameen Bank,[2] e Jamie Dimon, CEO e presidente do JP Morgan Chase.[3]

Hoje, mais do que em qualquer outro tempo, admite-se que as companhias criam valor para a sociedade não apenas produzindo e distribuindo bens e serviços, mas gerando bem-estar social. Empresas são agentes de desenvolvimento, sustentável ou não. A consciência cada vez mais viva de que o esgotamento dos recursos do planeta poderá redesenhar as operações de negócios – uma das fontes de pressão para o crescimento da chamada "onda verde" em todo o mundo – tem estimulado as empresas líderes a mudar sua forma de produzir hoje para proteger a oferta dos ecosserviços essenciais amanhã – ar limpo, solo fértil, água potável e clima estável.

Nesse movimento, os presidentes das empresas líderes começam a tratar o comportamento socioambientalmente responsável como um investimento, e não mais como um custo excrescente. Suas atividades já não são vistas apenas como um conjunto de demandas cumulativas, que geram risco (de não ser recompensadas), sobrecarga e desvio da finalidade empresarial, mas também como a própria estratégia de um negócio bem-sucedido.

Há quem garanta que noções como essas devem ser ensinadas pelas escolas de negócios. E que os líderes em sustentabilidade podem ser formados nos bancos acadêmicos, o que derrubaria o argumento – já empoeirado – dos que enxergam nesses indivíduos seres especiais, munidos de um dom, um carisma e uma energia inatos. É certo que uma escola comprometida com o tema pode, sim, ensinar competências e habilidades, ampliando o repertório de conhecimentos do gestor. De qualquer modo, como se verá nos relatos deste livro, o que define os líderes sustentáveis é, a rigor, a paixão por uma missão, a crença

---

[2] Chamado de "banco dos pobres", o Grameen Bank é uma experiência com microcrédito destinado a famílias de baixa renda de Bangladesh. Por essa iniciativa, Yunus (1940), economista de formação, ganhou o Prêmio Nobel da Paz em 2006.

[3] Sediado em Nova York, o JP Morgan é uma sociedade gestora de participações sociais criada em 1968 sob a Lei Deware. Com um patrimônio de 1,2 trilhão de dólares de ativos, a instituição é líder mundial em serviços financeiros, e, segundo a revista *Forbes*, a maior empresa do planeta em 2010.

inabalável no poder de transformação e a presença de um conjunto de princípios e valores consolidados ao longo da vida.

Para o enfoque que aqui nos interessa, merece especial destaque a opinião de um dos líderes entrevistados, Julio Moura, presidente e CEO do Grupo Nueva: "O método mais rápido para formar um líder sustentável é a convivência, por um período de tempo, com um líder já consagrado por sua atuação em sustentabilidade".[4] É nisso que acreditamos.

---

[4]   Julio Moura em entrevista à revista *Ideia Sustentável*, nº 9 , set.-nov. 2007, p. 25.

Dois pensadores da liderança para a sustentabilidade

Peter Drucker
Liderança, uma questão de "como ser"

Para Peter Drucker,[1] empresas e organizações sem fins lucrativos têm muito que aprender entre si. Segundo ele, as primeiras poderiam ensinar sobre foco, planejamento, estratégias, eficiência na gestão de recursos e eficácia operacional. As organizações sem fins lucrativos, por sua vez, teriam muito que dizer sobre como se realiza tanto com tão pouco, sobre o valor do serviço para os "clientes" e, principalmente, sobre a difícil arte de extrair motivação, paixão e adesão, em uma dimensão voluntária, de sua força de trabalho.

Essa troca de diferentes tipos de saber – pensava Drucker – também poderia se aplicar à questão da

---

[1] O austríaco Peter Ferdinand Drucker (1909-2005) é considerado o mais importante filósofo dos negócios de todos os tempos. Sua vasta obra influenciou toda a teoria da administração, alcançando líderes empresarias de diferentes gerações, como Henri Ford (Ford), Bill Gates (Microsoft), Andrew Grove (Intel) e Jack Welch (General Electric). Escreveu, entre outros, importantes livros como *Sociedade pós-capitalista* (1999) e *As cinco perguntas essenciais que você sempre deverá fazer sobre sua empresa* (2008).

liderança. Embora nunca tenha sido especialmente um entusiasta da discussão sobre esse tema – afirmando, certa vez, que achava bobagem dar muita ênfase ao carisma de líderes –, concluiu que, na sociedade pós-industrial, o maior desafio dos líderes de negócios é exatamente o mesmo que os melhores líderes sociais já superaram: estabelecer uma visão motivadora para a organização, definir valores claros de atuação e mobilizar as pessoas a partir de uma missão elevada.

Para Drucker, o que atrai os profissionais do conhecimento, nas corporações, e os mantém estimulados em seu trabalho, é um intento desafiador e uma boa causa com os quais se identificar. A sustentabilidade – em nossa opinião – tem sido, mais modernamente, uma dessas causas, talvez a mais complexa delas, dada a sua amplitude.

Em um tempo de verdades relativas, os fundamentos da liderança – segundo Drucker – permanecem intocados. Segundo Frances Hesselbein, amiga pessoal do pensador e uma das mais profundas conhecedoras de sua obra, liderança é, sobretudo, uma questão de "como ser", e não de "como fazer". Essa doutrina se encaixa de forma específica à liderança para a sustentabilidade. Líderes são sujeitos que prosperam tirando o melhor do esforço de seus liderados, colocam o coração em tarefas comuns, constroem pontes, despertam pessoas, garimpam e atraem talentos, estimulam relações de cooperação, empreendem, geram confiança e contagiam equipes com a fé que depositam em si mesmos, nos outros e em suas ideias.

Adicionando a essas virtudes gerais, algumas qualidades específicas da dimensão do "ser sustentável", como elevado senso ético, visão coletivista, respeito pela diversidade e a habilidade de conjugar resultados econômicos, sociais e ambientais, tem-se um perfil bem próximo do que seria um líder em sustentabilidade.

Com base nas reflexões de Drucker – e, desde já, pedindo desculpas pela ousadia de utilizá-las em contexto diverso daquele em que foram tratadas pelo filósofo da administração –, pode-se inferir que os bons líderes sustentáveis constituem um manancial de inspiração e aprendizagem nas empresas. E eles não estão apenas nas empresas. Se estivesse vivo e fosse brasileiro, Drucker certamente recomendaria a um líder empresarial interessado em aprender sobre "como ser" que recorresse a uma inusitada consultoria de gestores com as credenciais da saudosa Zilda Arns,[2] ou que pusesse os seus talentosos *trainees* para fazer um curso de imersão em liderança na Pastoral da Criança.

A história de Zilda Arns é modelar. Um dia, indignada com a situação de miséria crônica de vastos contingentes da população brasileira, ela estabeleceu, como visão, reduzir a desnutrição e a mortalidade infantil decorrente de doenças passíveis de prevenção. E nela concentrou o melhor de suas habilidades e energias ao longo de duas décadas. Os resultados não deixam dúvida quanto ao poder transformador de sua liderança.

Ao mesmo tempo que construiu, em torno da Pastoral da Criança, a maior e a mais importante rede nacional de solidariedade, a doutora Zilda, como ficou conhecida, contribuiu para melhorar o índice de desenvolvimento humano (IDH)[3] brasileiro, intervindo em um quadro de penúria que sucessivos governos não foram capazes ou não tiveram vontade política de enfrentar. Hoje, a organização beneficia mais de 2 milhões de crianças até 6 anos de idade, em quase 42 mil comunidades de 4.040 municípios. Sua tecnologia de gestão está presente em outros quinze países. Por causa de seu trabalho, a desnutrição deixou de ser uma epidemia no Brasil (Guerreiro, 2007, pp. 64-71).

Para converter uma visão desafiadora em prática transformadora, além de obstinação, a doutora Zilda precisou combinar o "como fazer" com o "como ser", isto é, capacidades de gestão e de liderança. Como gestora, mostrou que toda ação solidária resulta em maior impacto social quando acompanhada de planejamento, avaliação, administração rigorosa de recursos e estratégias de desenvolvimento e motivação de pessoas. No papel de líder, enxergou o futuro

---

[2] A catarinense Zilda Arns Neumann (1934-2010) foi uma importante médica sanitarista e pediatra. Fundou a Pastoral da Criança (1983) e a Pastoral da Pessoa Idosa (2004). Morreu tragicamente no dia 12 de janeiro de 2010, em consequência de um terremoto em Porto Príncipe, no Haiti.

[3] O IDH é uma medida comparativa, usada para classificar os países pelo seu grau de "desenvolvimento humano", distinguindo três categorias: países desenvolvidos (elevado desenvolvimento humano), em desenvolvimento (médio desenvolvimento humano) e subdesenvolvidos (baixo desenvolvimento humano). O IDH compõe-se de dados estatísticos como expectativa de vida ao nascer, educação e PIB *per capita* (como indicador de padrão de vida).

melhor que poucos divisavam, converteu uma causa desprezada em política pública nacional, mobilizou milhões de pessoas e conectou uma rede de 270 mil brasileiros, na sua grande maioria mulheres de baixa renda, para trabalhar voluntariamente em torno do mesmo ideal.

Embora atuem em campo distinto daquele no qual a doutora Zilda se notabilizou, os líderes em sustentabilidade enfocados neste livro têm em comum com ela algumas características essenciais. São orientados por valores, pautam-se pela ética altruísta, têm visão sistêmica, ampliam o propósito das organizações que lideram para além de sua "primeira finalidade" convencional e se deixam estimular pelo desejo de criar valor mais amplo para a sociedade. São líderes – como diria o consultor Charles Handy –[4] de "espírito ávido"[5] que constroem empresas com alma.

---

[4] Charles Handy (1932), irlandês radicado na Inglaterra, é considerado um dos mais importantes filósofos de gestão e comportamento organizacional de todos os tempos. Autor de vasta obra, escreveu, entre outros livros, *The Future of Work* (1984), *O elefante e a pulga* (2003) e *The New Philanthropists* (2006).

[5] Alusão à obra de Charles Handy, *The Hungry Spirit* (1997), publicada em português como *Além do capitalismo* (1999).

Charles Handy
Espíritos ávidos fazem a diferença em favor do mundo

No final dos anos 1990, Charles Handy afirmou, em famosa entrevista à revista *Leader to Leader,*[6] que empresas com alma são construídas por pessoas que fazem as coisas com o coração.

O autor de *A era da irracionalidade*[7] foi um dos primeiros pensadores de negócios a tentar compreender a pulsão de um novo sentido para o trabalho e para a liderança nas corporações em "tempos pós-capitalistas". Sintonizado com os conceitos de responsabilidade social, que começavam a ganhar corpo em todo o mundo, o radar preciso de Handy para detectar tendências corporativas identificou a necessidade de refletir sobre novos papéis e compromissos profissionais em uma era de transição, caracterizada pela ruptura dos modelos tradicionais de gestão de pessoas e negócios.

Duas décadas depois, suas ideias mantêm o mesmo frescor. Ao escrever *The Hungry Spirit* em 1997, uma de suas obras mais importantes, Handy concluiu que profissionais e empresas perseguiam algo mais para justificar suas atividades e negócios. Em sua análise, o dinheiro transformara-se em uma "medida demasiado grosseira" para definir o conceito de sucesso, pelo simples fato de que as pessoas normalmente geram mais riqueza do que precisam para viver.

Embora a remuneração continue a ser uma régua para medir o êxito de uma carreira, Handy profetizou que cada vez mais pessoas e organizações passariam a considerar, em seus projetos de realização plena, uma variável de natureza mais subjetiva: a perspectiva de uma "contribuição especial e única para o mundo".

---

[6]   Trata-se da entrevista "The Search for Meaning: a Conversation with Charles Handy", em *Leader to Leader,* nº 6, verão de 1997. A *Leader to Leader* é uma prestigiada revista trimestral da Drucker Foundation que publica artigos de líderes e pensadores de negócios. Foi dirigida por Frances Hesselbein, ex-presidente da Peter Drucker e uma das pessoas mais próximas a Drucker, sendo uma referência na disseminação de suas ideias.

[7]   Lançado em inglês em 1989, *A era da irracionalidade* (1992) manifesta a inspirada visão de Handy sobre uma era de novas descobertas, novas capacidades e novas liberdades.

Houve quem o considerasse um poeta romântico, um filósofo vagueador. Vale lembrar que estigma semelhante recaiu também sobre os promotores, no Brasil, do conceito de responsabilidade social empresarial, em meados dos anos 1990. Não foram poucos os que tentaram detratá-los, atribuindo à sua pregação brumas de devaneio e inocência.

A ideia de Handy, relativamente ingênua para os padrões do mundo corporativo pré-sustentabilidade, escorava-se na lógica – hoje mais bem aceita – de que as empresas duradouras são exatamente as que entregam ao mundo não apenas crescimento ou dinheiro, mas excelência, respeito pelos outros e capacidade de tornar as pessoas felizes. Mesmo sem citar com todas as letras a palavra "sustentabilidade", visto que, naquela época, o termo sequer circulava no universo corporativo, Handy já se referia às organizações futuramente preocupadas com sustentabilidade.

Para Handy, o que está encorajando os líderes a promover mudanças de valores e práticas é uma necessidade de "confiar no futuro" e um desejo de "fazer alguma diferença em favor do mundo". Isso explica, por exemplo, por que os profissionais costumam ser mais felizes em corporações sustentáveis (os estudos sobre as melhores empresas para se trabalhar, ainda que indiretamente, permitem essa inferência), por que há cada vez mais pessoas querendo trabalhar nelas e por que jovens saídos das melhores escolas de negócios preferem essas empresas àquelas que ainda não encarnaram sua *persona* socioambiental.

Nesse cenário emergente, a aposta de Handy é que os novos líderes serão sujeitos muito especiais, capazes de combinar num mesmo perfil absoluta paixão pelo que fazem, habilidade de transmitir essa paixão às outras pessoas, espírito coletivista, solidez moral e a certeza de que não têm todas as respostas prontas. Os líderes retratados neste livro apresentam, sem dúvida, os traços distintivos elencados por Handy.

Uma pioneira e um reformador

Sempre que se pensa em líderes de sustentabilidade, dois nomes assomam à memória. Um deles é o de Anita Roddick, fundadora da The Body Shop e considerada uma pioneira, ainda hoje fonte de inspiração para muita gente. O outro é o de Ray Anderson, fundador e *chairman* da InterfaceFlor.

Anita Roddick, a desbravadora

Pioneiro é, segundo o Aurélio, aquele que se antecipa e abre caminhos. No mundo empresarial, os que se dedicam à tarefa de pensar e sair à frente do seu tempo enfrentam, de partida, a desconfiança de alguns e a incompreensão de muitos, especialmente se suas ideias vão de encontro à ordem vigente e desafiam o lugar-comum.

Anita Roddick viveu essa experiência na pele. Ao criar, em 1976, a empresa de cosméticos The Body Shop, sua visão bastante peculiar de fazer negócios provocou zombaria e descrença na Inglaterra. Mulher e militante de causas sociais e ambientais, atuando em um mundo machista, no qual gente interessada em meio ambiente era vista como inimiga do progresso econômico, Anita foi tratada como figurinha excêntrica e sua empresa considerada um mero experimento de ativismo político, e não um negócio para ser levado a sério.

Seu discurso de "lucro ético" – hoje francamente assimilado até pelos descrentes de primeira hora – soava demasiado utópico para os padrões da mentalidade empresarial dos anos '1980. Deslocadas também pareciam ser noções como a de que uma empresa deve contribuir para a "formação do espírito humano", deixando-se guiar por um propósito maior do que o *bottom line* trimestral. Ou ainda que o "senso de comunidade" consiste em elemento vital para o êxito de uma corporação. Anita nunca recuou diante das barreiras. Sabia que defender ideias inovadoras tinha um preço. E pagou-o a prestações. Uma empresa orientada por princípios – acreditava – devia se conformar com reações de descrença.

Em vez de minimizar os valores pessoais em relação aos valores do mercado, como mandava a regra dos que têm juízo, Anita subverteu a ordem e enquadrou o seu negócio numa moldura de princípios dos quais nunca abriu mão. Foi sempre contra a utilização de produtos testados em animais, devastadores de florestas, gerados por trabalho infantil, ofensivos aos direitos humanos dos trabalhadores, não biodegradáveis e não recicláveis – mesmo quando essa diretriz não constava do manual de boas maneiras sustentáveis das corporações.

Para ela, mais do que bens e serviços, uma empresa deveria produzir soluções tendo em vista a construção de um novo mundo, transformar-se em agente solidário de mudanças e conectar indivíduos a causas humanitárias. Anita encaixou-se como poucos no figurino do novo líder, proposto por Charles Handy.

Coerente como deve ser um bom líder, adotou a mesma ética para a vida pessoal e para os negócios, fazendo da Body Shop um veículo de suas ideias e convicções. Houve um tempo, por exemplo, que, em vez de utilizar os caminhões de transporte para fazer propaganda de produtos, a empresa divulgava neles mensagens convidando as pessoas a acreditarem no seu poder de mudar o mundo.

Mesmo hoje, quem entra em uma das 2 mil lojas da rede, espalhadas em cinquenta países, toma logo contato com as causas que a organização escolheu apoiar, como o comércio solidário em países africanos ou a erradicação da violência doméstica. Como nunca vendeu produtos de primeira necessidade, Anita admitiu, certa vez, que usar as lojas para sensibilizar consumidores foi o "método" que encontrou para introduzir "valores numa indústria sem valores".

Ainda no campo do *advocacy*,[1] Anita defendeu apaixonadamente o empreendedorismo social, o investimento social privado, as culturas locais e o consumo consciente – hoje, conceitos fluidos e fáceis de abraçar. No entanto, uma de suas contribuições mais importantes foi para a causa da beleza feminina. Deve-se a ela a abertura de uma trilha em mato denso, pela qual, alguns anos mais tarde, Natura e Dove circulariam à vontade.

Indignada com a escalada do padrão hollywoodiano de perfeição e com base em um estudo de 1995, que detectou que sete em cada dez mulheres sentiam-se mal quando olhavam a fotografia de modelos magérrimas em comerciais de cosméticos na TV, Anita decidiu que sua empresa remaria contra a maré. Assim, criou uma campanha inusitada: no lugar de afrodites retocadas por Photoshop, associava a beleza ao caráter, à imaginação e ao humor presentes no cotidiano do universo feminino, valorizando-os como expressão maior daquilo que as mulheres gostam nelas próprias.

Essa inglesa, filha de imigrantes italianos, morreu aos 64 anos, no dia 10 de setembro de 2007. Deixou um livro autobiográfico (Roddick, 2002), duas filhas, algumas árvores plantadas, uma empresa importante,[2] com mais 80 milhões de clientes, e um legado de ideias corajosas que hoje podem ser apresentadas, sem susto, por qualquer estagiário em entrevista de seleção.

---

[1]   Termo inglês cujo significado aproximado é "defesa de causas de interesse público".
[2]   A Body Shop foi comprada pela L'Oréal em 2006, por 1,14 bilhão de dólares.

Ray Anderson, o reformador

Ray Anderson, *chairman* da InterfaceFlor, é um dos mais incensados líderes em sustentabilidade do mundo. Virou um fervoroso pregador global da causa verde. Curiosamente, até 1994, ele jamais pensara no assunto. Durante anos, comandou, sem qualquer culpa, uma companhia convencional, bem-sucedida na avaliação dos analistas de mercado, inteiramente focada no *botton line*.

Em artigo de 2006, Anderson escreveu:

> NUNCA DEMOS NENHUMA IMPORTÂNCIA PARA O FATO DE QUE A EMPRESA CONSUMIA, POR ANO, ENERGIA SUFICIENTE PARA ILUMINAR E AQUECER UMA CIDADE. NEM QUE PROCESSÁVAMOS MAIS DO QUE 1 BILHÃO DE LIBRAS [453,5 MIL TONELADAS] DE MATÉRIA-PRIMA ANUALMENTE (A MAIORIA DERIVADA DE PETRÓLEO), E QUEIMÁVAMOS 7 BILHÕES A MAIS DE LIBRAS [3,17 MILHÕES DE TONELADAS] EM COMBUSTÍVEIS FÓSSEIS, TRANSFORMANDO TUDO ISSO EM PLACAS DE CARPETE USADAS EM ESCRITÓRIOS E HOSPITAIS, AEROPORTOS E HOTÉIS, ESCOLAS E UNIVERSIDADES E EM LOJAS DE TODO O MUNDO. TAMBÉM NÃO NOS ATENTAMOS PARA O FATO DE QUE, TODOS OS DIAS, APENAS UMA DE NOSSAS FÁBRICAS DESCARREGAVA 6 TONELADAS DE SOBRAS DE CARPETE NOS ATERROS LOCAIS. NÃO TÍNHAMOS A MENOR IDEIA DO QUE ACONTECIA COM TODO AQUELE RESÍDUO. POR QUE DEVERÍAMOS? ISSO ERA PROBLEMA DE ALGUÉM, NÃO NOSSO. AFINAL – PENSÁVAMOS –, ATERROS SERVEM EXATAMENTE PARA ISSO.[3]

Na visão do *business as usual*, muita produção de fumaça nas chaminés e volumosas montanhas de lixo sendo despejadas em aterros sanitários era, segundo Anderson, a prova material de que o negócio prosperava. Significavam mais empregos, mais pedidos entrando, produtos saindo e dinheiro no banco. As externalidades[4] eram problema dos governos.

---

[3] As citações de Ray Anderson e os dados sobre a InterfaceFlor, contidos neste capítulo, foram extraídos do artigo de sua autoria, "Criando uma cultura de sustentabilidade na empresa", em *Ideia Sustentável*, nº 12, jun.-ago. de 2008, seção Livre Pensar, pp. 64-67 .

[4] Também chamadas economias (ou deseconomias) externas, seus efeitos podem ser positivos ou negativos – em termos de custos ou de benefícios. Tais efeitos, gerados pelas atividades de produção ou consumo exercidas por um agente econômico, atingem os demais agentes, sem que haja incentivos econômicos para

Em 1994, fez-se a luz. A InterfaceFlor mal completara 21 anos quando Anderson teve o *insight* que mudaria a história da companhia. Deve-o, sobretudo, às provocações quase ranzinzas feitas por clientes mais exigentes. "O que a empresa está fazendo para preservar o meio ambiente?" ou "Qual o tamanho do estrago que ela proporciona ao planeta?", passaram a perguntar mais e mais compradores dos seus carpetes. Nem Anderson nem sua equipe tinham respostas. Pior: mesmo não as tendo, intuíam que não seriam nada boas. Na sede de encontrá-las logo, o executivo resolveu se alfabetizar na obra de Paul Hawken, *The Ecology of Commerce* (1993),[5] que, à época, fazia enorme sucesso entre os engajados norte-americanos da causa ambiental. "Foi uma revelação", reconhece o empresário, que se encantou especialmente com os dados sobre os custos dos serviços naturais e com o conceito de "economia da restauração".

Impactado pela demanda dos clientes e pelo contundente ideário verde de Hawken, Anderson decidiu que, a partir daquele momento, a InterfaceFlor só "tomaria da Terra o que fosse natural e rapidamente renovável". Como resultado imediato desse desafio, nasceu o projeto chamado Missão Zero, que prevê eliminar os impactos ambientais da companhia até 2020.

"Catorze anos atrás, quando ousei descrever a alguns amigos as aspirações que me motivavam a construir o modelo de empresa que tenho hoje, ouvi que eram impossíveis de ser realizadas", declara o *chairman* da InterfaceFlor.

O impossível, segundo ele,

[…] HOJE SE TRADUZ NO USO ALTAMENTE EFICAZ DO PETRÓLEO (ENERGIA E MATÉRIA-
-PRIMA) PARA A FABRICAÇÃO DO CARPETE, COM REDUÇÃO DE 88%, EM TONELADAS

---

que seu causador produza ou consuma a quantidade referente ao custo de oportunidade social. Na presença de externalidade, o custo de oportunidade social de um bem ou serviço difere do custo de oportunidade privado, fazendo com que haja incentivos não eficientes do ponto de vista social. Portanto, externalidades referem-se ao impacto de uma decisão sobre aqueles que não participaram dessa decisão.

5   Com *The Ecology of Commerce*, o ambientalista norte-americano Paul Hawken (1946) influenciou muito líderes empresariais, especialmente por colocações contundentes, como a de que não se pode viver em oposição aos ciclos, climas, terra e natureza. Além dessa, Hawken escreveu outras obras, das quais merecem destaque *The Next Economy* (1983) e *Capitalismo natural: criando a próxima revolução industrial* (2000). Nesse último livro, Hawken popularizou o conceito de capital natural, tendo sido um dos primeiros especialistas a propor uma contabilidade específica para os serviços da natureza.

ABSOLUTAS, NAS EMISSÕES DE GASES DE EFEITO ESTUFA E DE 80% NO USO DE ÁGUA EM RELAÇÃO A 1996. FIZEMOS TUDO ISSO NUM CONTEXTO DE AUMENTO DE DOIS TERÇOS NAS VENDAS E 100% NO FATURAMENTO.

Os números da InterfaceFlor – que conta com 4 mil empregados e está presente em 110 países – comprovam que ser sustentável é um bom negócio. Apenas a iniciativa de eliminar resíduos proporcionou à empresa uma economia de custos da ordem de 372 milhões de dólares em treze anos, quantia suficiente para cobrir todos os investimentos feitos no esforço de implantar a nova missão verde da InterfaceFlor. Cerca de 42% da fumaça e 81% dos efluentes foram evitados em virtude de mudanças de processos. E ainda 60.315 toneladas de produtos usados e coletados no *end-of-life* acabaram reciclados em carpete novo. Mais de 20% das matérias-primas provêm de fontes renováveis, recicladas ou biomateriais (a meta é alcançar 100% até 2020), a energia derivada de combustíveis fósseis foi reduzida em 55% e seis das onze fábricas já operam com 100% de eletricidade gerada a partir de fontes renováveis (solar, eólica, geotérmica e biomassa).

Na análise arguta de Anderson, não se faz uma revolução sustentável no modelo de negócio de uma empresa sem a participação efetiva de seus colaboradores. Muito menos sem líderes que acreditam, por princípio, no valor da mudança para o futuro do negócio e do planeta. Segundo o empresário, as pessoas "ficam melhores" quando trabalham com um propósito. E quem há de discordar de tal afirmação? "Em 52 anos atuando na indústria, nunca vi algum valor equivalente ao da sustentabilidade para atrair motivação e unir indivíduos. Ninguém mais vai à empresa só para fabricar e vender carpetes. Vai também para ajudar a salvar o planeta", escreve, bem-humorado.

Braço direito de Anderson no processo de inserção da sustentabilidade no negócio, Claude Ouimet, vice-presidente da InterfaceFlor para o Canadá e a América Latina, assim definiu o perfil de líder que a empresa valoriza e cultiva em seu cotidiano:

EM PRIMEIRO LUGAR, DEVE TER VISÃO. PRECISA SE DEIXAR INSPIRAR PELA SITUAÇÃO AMBIENTAL GLOBAL ADOTANDO UMA PERSPECTIVA HOLÍSTICA DE ANÁLISE. É FUNDA-

MENTAL QUE SEJA DINÂMICO, TENHA A HABILIDADE DE TAMBÉM INSPIRAR PESSOAS, COMUNICAR-SE COM PAIXÃO E SER ELE PRÓPRIO UM EXEMPLO NA MANEIRA DE CONDUZIR OS NEGÓCIOS. O LÍDER COM PROPÓSITO FAZ O QUE FAZ PELO QUE ACREDITA. TRABALHA PELO COLETIVO.[6]

A liderança sustentável pressupõe, na visão de Ouimet, um jeito diferente de pensar a sustentabilidade – não a partir da perspectiva de quanto custa realizá-la, mas do custo de não empreendê-la. A liderança em sustentabilidade só floresce e reluz num ambiente no qual os colaboradores de diferentes áreas são encorajados a usar todos os seus talentos, habilidades e forças para participar na solução dos problemas gerados por um sistema de produção ineficiente, baseado no trinômio que Ouimet define como "tome-faça-desperdice".

Ouimet explica os novos valores que orientam a empresa:

NA INTERFACEFLOR ESTAMOS ANIMANDO AS PESSOAS A SER O MÁXIMO DO QUE ELAS PODEM SER. NÃO TENTAMOS ADMINISTRÁ-LAS, MAS LIDERÁ-LAS E INSPIRÁ-LAS. NESSE SENTIDO, A NOÇÃO DE SUCESSO VEM PASSANDO POR UMA REDEFINIÇÃO. UM LÍDER SUSTENTÁVEL É ALGUÉM MENOS PREOCUPADO COM O SUCESSO QUE AUTOGRATIFICA, RECOMPENSANDO O PRÓPRIO EGO, MAS COM O SUCESSO QUE DISTRIBUI RESULTADOS COLETIVAMENTE. É ALGUÉM CAPAZ DE PROVOCAR MUDANÇAS NA CULTURA DA EMPRESA, INFLUENCIANDO NOVAS ATITUDES E COMPORTAMENTOS, SEM GERAR INSEGURANÇA OU MEDO. INTEGRIDADE É O PRIMEIRO PRINCÍPIO NORTEADOR DE UMA LIDERANÇA SUSTENTÁVEL PORQUE CRIA CONFIANÇA. DIVERSIDADE VEM EM SEGUNDO LUGAR, POIS DELA RESULTARÃO AS MELHORES E MAIS INOVADORAS SOLUÇÕES.

Retornando a Anderson, sustentabilidade é, para ele, um tema ascendente no campo da inovação. E a possibilidade de inovar – crê – empodera as pessoas a ponto de lhes emprestar uma razão maior para irem ao trabalho. É nesse sentido que suas palavras ecoam:

---

[6] As declarações de Claude Ouimet neste capítulo foram colhidas em entrevista ao repórter Caio Neumann, da revista *Ideia Sustentável,* em junho de 2008, especialmente para este livro.

ROTINEIRAMENTE, NOSSOS DESIGNERS SE FAZEM PERGUNTAS ESOTÉRICAS DO TIPO "COMO A NATUREZA DESENHARIA A COBERTURA DE UM CHÃO?" OU "COMO UM LAGARTO SE PENDURARIA DE PONTA-CABEÇA EM UM TETO?" DE INDAGAÇÕES COMO ESSAS [FUNDADAS NO CONCEITO DE BIOMIMETISMO][7] TÊM SURGIDO INOVAÇÕES IMPORTANTES EM PROCESSOS E PRODUTOS.

Anderson costuma usar a metáfora da montanha para explicar o trajeto que uma empresa deve fazer para se tornar sustentável. Entre a base e o topo, há, segundo ele, sete estágios a cumprir, nenhum dos quais pode ser pulado sob pena de comprometer a qualidade da escalada.

Foi exatamente esse roteiro que ele adotou para transformar a sua InterfaceFlor na mais sustentável fabricante de carpetes do planeta. O primeiro passo de Anderson consiste em eliminar o lixo dos processos industriais, cortando o desperdício de recursos. O segundo implica envolver os fornecedores em um esforço de redução de emissões de carbono, e o terceiro, a busca de eficiência energética, substituindo a matriz de combustível fóssil por fontes renováveis. O quarto abriga as atividades de redesenhar processos, reciclar e reutilizar. O quinto está relacionado com o "esverdeamento" da cadeia de transporte. O sexto tem que ver com a mudança da cultura interna da empresa para um novo modelo de produção, ambientalmente responsável. E o sétimo, mais abrangente, compreende a reinvenção da atividade comercial e do próprio mercado, com base em novas regras que possibilitem a convivência mais harmoniosa entre a biosfera e a tecnosfera.[8]

Para o que interessa aqui, a lição a se extrair da saga da montanha, de Anderson, é que não se atinge o cume sem esforço, crença firme, uma bússola de valores humanos, plano de ação e estratégias capazes de superar os entraves naturalmente impostos à mudança. Também não se chega lá sem liderança firme e decidida.

---

[7] Biomimetismo (do inglês *biomimicry*) é o estudo de uma nova ciência que tenta reproduzir artificialmente os processos, sistemas e elementos que existem na natureza há milhões de anos.

[8] A tecnosfera abrange as estruturas constituídas pelo trabalho humano no espaço da biosfera. Plantação de lavouras, plataformas de petróleo e portos são exemplos de intervenção do homem na biosfera.

Provavelmente, "o resultado mais espetacular", explica Anderson, "é que essa iniciativa produziu um modelo de negócios melhor, um jeito melhor e mais legítimo de lucrar. Trata-se de um modelo empresarial que desconcerta os concorrentes de mercado, sem jogar a conta pesada para a Terra e as gerações futuras. Em vez disso, as inclui em relações do tipo ganha-ganha-ganha".

Descobrindo líderes na "periferia" das organizações

Há pensadores do mundo corporativo que não se contentam em oferecer mais do mesmo. Por isso, perseguem respostas menos óbvias para questões complexas. Peter Senge joga nesse time. Um dos mais importantes especialistas mundiais em gestão do conhecimento nas organizações, ele tem se dedicado a refletir sobre a sustentabilidade.

Em seu mais recente livro, *A revolução decisiva* (2009), Senge discorre sobre como empresas líderes de todo o mundo estão convertendo, com criatividade, práticas de negócio convencionais em estratégias ousadas para a criação de um mundo sustentável.

Acostumado a conviver com líderes das mais luminosas corporações mundiais, Peter Senge chegou à conclusão de que é sempre difícil identificar os líderes ou os potenciais de liderança. Com o tema da sustentabilidade não é diferente. Nem sempre os líderes sustentáveis são os CEOs, os presidentes ou ocupantes de posições elevadas na hierarquia de uma empresa. Além disso, de acordo com sua análise, esses sujeitos quase nunca estão entre os de maior visibilidade – aqueles que procuram capitanear campanhas barulhentas em defesa de mudanças na empresa. Ao contrário, esses líderes comumente se movem por paixão à causa e atuam, na maioria das vezes, anônimos, para transformar as empresas de baixo para cima.

Na observação do professor Senge, o que os caracteriza é o espírito pragmático e visionário, a preocupação com o futuro e a desconfiança em relação a respostas superficiais, incompletas, descontextualizadas e simplistas. Como poucos, eles compreendem o funcionamento das organizações em que trabalham e sabem o que precisam fazer para mudá-las. No exercício de suas funções, dedicam-se a essa tarefa com perseverança exemplar.

Para encontrá-los, Senge recomenda socorrer-se na "periferia" das organizações – longe, portanto, dos chamados "centros de poder" –, isto é, nos lugares em que estão os indivíduos menos aferrados ao *status quo* e mais abertos, de coração e mente, às inovações capazes de gerar processos e produtos mais sustentáveis.

A periferia, nesse caso, nada tem a ver com classificações de natureza social. Está, sim, ligada ao modo pelo qual diferentes grupos lidam com a mentalidade, a estrutura e o poder organizacionais típicos da era industrial.

Nas empresas, periféricos são, por exemplo, os jovens da chamada "geração Y",[1] que ainda não incorporaram os modelos mentais corporativos predominantes nem tiveram tempo de cultivar os vícios de raciocínio do mercado. Podem ser também as mulheres, cujo estilo de liderança – mais sensível e cuidador – é radicalmente diferente do adotado pelos homens.

Já na sociedade, integram essa periferia as novas empresas, os novos empreendedores sociais e os jovens inovadores dos países situados fora do círculo dos mais desenvolvidos. Como Peter Drucker, Senge sustenta que os líderes em sustentabilidade têm muito que aprender com os seus primos da liderança social.

---

[1] A geração Y compreende indivíduos nascidos entre 1978 e 1994, que se caracterizam não só pela competitividade e o imediatismo, mas também pela valorização da família, das relações pessoais, da lealdade e da justiça. Além disso, buscam a espiritualidade e acreditam nas possibilidades de mudança.

Segundo o professor do MIT, as mudanças necessárias para realizar o desafio, que ele chama de 80-20,[2] demandarão milhões de líderes de todos os tipos, muitos dos quais sem poder formal para o exercício dessa liderança. Isso não significa que CEOs apaixonados sejam menos importantes. Significa que, sozinhos, não serão suficientes. Se quiserem mudar para valer, as empresas precisarão contar com líderes que ainda não foram descobertos. E descobri-los implica adotarem novas formas de colaboração capazes de identificar questões relevantes e converter boas ideias em soluções práticas.

Em defesa de sua tese, Senge se apoia na metáfora de uma bolha para designar o pensamento clássico da era industrial. Segundo o especialista, o que prejudica a identificação desses novos líderes é que os mercados estão acostumados a pensar, agir e trabalhar em soluções ainda presas ao paradigma "industrial" do "extrair-produzir-descartar".

Nessa visão passadista de mundo, refratária a qualquer possibilidade de mudança – daí a metáfora da bolha –, a liderança aparece sempre ligada ao poder formal. Se não sofrer uma mudança profunda – crê –, essa mentalidade dificultará o surgimento de novas lideranças, indispensáveis para a mudança sustentável. Já há, sim, bons inovadores fora da bolha, trabalhando em silêncio. Os entrevistados deste livro constituem notáveis exemplares dessa estirpe. Ao questionarem os modelos mentais consagrados, até hoje intocáveis, eles apontam caminhos alternativos para enfrentar os problemas da insustentabilidade, por meio de redes de liderança capazes de pensar e organizar um novo sistema de produção.

Líderes que criam o futuro, sem medo, com alegria

Peter Senge não gosta do termo "sustentabilidade". Isso ele fez questão de deixar claro em 2009, durante reunião com altos executivos de um banco em São Paulo. Sua aversão à palavra não se deve – como seria razoável supor – ao

---

[2] Isto é, redução de 80% nas emissões de carbono no horizonte de vinte anos. Meta defendida por cientistas, mas claramente longe de ser cumprida.

desgaste provocado por excesso de uso nem pelo consequente esvaziamento de seu significado num mundo cada dia mais ansioso por significados. Deve-se, sim, a uma conotação negativa que ela encerra. O autor de *A quinta disciplina* prefere a expressão "ampliação sistêmica".

Na opinião do professor Senge, a palavra "sustentabilidade" desperta mais medo que interesse nas pessoas. Não por acaso, seu uso tomou impulso após o anúncio do Painel Intergovernamental sobre Mudanças Climáticas (IPCC),[3] no final de 2006, quando cientistas convocados pela ONU advertiram sobre o aquecimento global, a responsabilidade humana e o risco para a vida na Terra. No comunicado oficial do IPCC, prevaleceu o tom catastrofista, permeado por uma linguagem que expressa o medo do que pode vir a acontecer caso a humanidade não consiga interromper o aquecimento do planeta.

Na análise de Senge, o medo assusta e imobiliza. E não necessariamente induz à mudança. Para mudar, os indivíduos precisam sentir-se emocionalmente como parte da solução, e não do problema. A conexão será tanto mais forte quanto mais intensos e claros forem os sentimentos positivos envolvidos. Parece retórica de sala de espera de consultório de psicologia, mas não é. Uma das qualidades mais evidentes entre os líderes ouvidos para este livro é justamente a capacidade de reunir os liderados em torno de uma visão positiva, idealista, inspiradora, e sobretudo otimista e entusiasmada, capaz de emprestar significado maior às melhores aspirações de mudança das pessoas.

Sobre o desafio da ressignificação do trabalho, para o qual a sustentabilidade parece ser uma resposta, cabe destacar o pensamento de Karl Albrecht:[4]

---

[3] O IPCC (Intergovernmental Panel on Climate Change) foi criado em 1988 pela Organização Meteorológica Mundial (OMM) e pelo Programa das Nações Unidas para o Meio Ambiente (Pnuma) com o objetivo de fornecer informações científicas, técnicas e socioeconômicas, consideradas relevantes para o estudo das mudanças climáticas, a compreensão de seus impactos potenciais e a criação de alternativas de adaptação e mitigação desses efeitos.

[4] Karl Albrecht, importante consultor de negócios norte-americano e presidente do grupo TQS, especializado no conceito de qualidade total, escreveu uma vasta obra, da qual merecem destaque: *Revolução nos serviços* (1992), *Programando o futuro: o trem da linha Norte* (1994) e *Inteligência social: a nova ciência do sucesso* (2006).

A CRISE NOS NEGÓCIOS HOJE É UMA CRISE DE SIGNIFICADO. OS INDIVÍDUOS NÃO SE SENTEM SEGUROS PORQUE NÃO ENTENDEM O "PORQUÊ" SUBJACENTE AO "O QUÊ". PERDERAM A SENSAÇÃO DE QUE AS COISAS SÃO BEM DEFINIDAS E QUE TRABALHAR DURO LEVA AO SUCESSO. CADA VEZ MAIS PESSOAS SENTEM DÚVIDA E INCERTEZA EM RELAÇÃO AO FUTURO DE SUAS EMPRESAS E, POR CONSEQUÊNCIA, ÀS SUAS PRÓPRIAS CARREIRAS E FUTURO. UM NÚMERO CADA VEZ MAIOR DE EMPRESAS E INDIVÍDUOS SE ENCONTRA EM CRISE DE SIGNIFICADO. OS QUE ASPIRAM A PAPÉIS DE LIDERANÇA NESSE NOVO AMBIENTE NÃO DEVEM SUBESTIMAR A PROFUNDIDADE DESSA NECESSIDADE HUMANA DE SIGNIFICADO. É UMA ASPIRAÇÃO HUMANA MUITO FUNDAMENTAL, UM APETITE QUE NÃO ACABARÁ (ALBRECHT, 1994, P. 22).

Retornando a Peter Senge, a mudança para um modelo mental sustentável não advém da racionalização provocada pelo medo. As pessoas devem senti-la e vivenciá-la, fazendo emergir as soluções novas – processos, produtos, hábitos e estilos de vida – não a partir da análise dos elementos do passado, mas sim da ousadia de criar o futuro, algo que só pode emanar de mentes abertas e livres de condicionamentos.

Segundo Senge, a alegria produz ambiente favorável ao engajamento, à colaboração e à criatividade, favorecendo o surgimento de líderes que não ocupam altas posições na hierarquia das empresas. Bons líderes em sustentabilidade são, portanto, aqueles que criam as condições para o surgimento de novos líderes em sustentabilidade, como também defende outro guru de gestão, Ram Charan.[5] São os que ajudam os liderados a encontrar novos significados, facilitando a conjunção entre os valores pessoais e os da organização.

---

[5] O indiano Ram Charan (1939) é palestrante, escritor e consultor de grandes empresas, como Dupont, General Electric e Bank of America. Escreveu, entre outras obras importantes, *Know-how: as oito competências que separam os que fazem dos que não fazem* (2007). Em 2009, Charan esteve no Brasil, onde fez uma palestra sobre os "dez princípios do desenvolvimento sustentável".

As quatro categorias de agentes de mudança da sustentabilidade

Líderes em sustentabilidade devem ser agentes de mudança. Partindo do conceito de "campeões da responsabilidade socioambiental", Wayne Visser definiu, em seu livro *Making a Difference,*[1] quatro categorias para identificar os profissionais que atuam em sustentabilidade nas empresas: especialistas, facilitadores, catalisadores e ativistas.

Para chegar a essa classificação, o professor da Universidade de Cambridge, no Reino Unido, usou como fator distintivo o modo como cada indivíduo se envolve, se sente mais confortável, satisfeito e feliz com seu trabalho. Na prática, todo líder que trabalha com sustentabilidade "tem um pé" nas quatro categorias e se orienta pelo desejo de fazer a necessária mudança. Mas a fonte principal de satisfação está associada – segundo Visser – a certa característica

---

[1] Wayne Visser, *Making a Difference: Purpose-Inspired Leadership for Corporate Sustainability & Responsibility* (2008). O sul-africano Wayne Visser (1970) é Ph.D em responsabilidade social empresarial pela Universidade de Nottinghan (Reino Unido). Foi diretor de serviços de sustentabilidade da KPMG. Além de *Making a Difference*, escreveu e organizou outros livros, entre os quais *The World Guide to CSR* (2010), em parceria com Nick Tolhurst.

do perfil psicológico desse líder, em geral decorrente da maneira como ele se motiva e se identifica com as atividades.

O primeiro tipo de agente de mudança é o especialista. Para esse indivíduo, sustentabilidade representa um campo de oportunidades técnicas. Por ser um conceito sistêmico, desenvolver soluções sustentáveis requer inteligência e especialização. Tal qual uma criança que se dedica a montar um quebra-cabeça pelo simples prazer de superar-se, o que motiva o especialista é o desafio de colocar sua capacidade de observação e análise a serviço da mudança de processos e produtos.

O engajamento se dá primeiro em um nível intelectual e técnico. Nesse perfil, incluem-se, por exemplo, os executivos da Nike, da General Electric (GE) e da Siemens, que enxergam na sustentabilidade um tema de inovação sempre pronto para desafiar a inteligência na busca por soluções, processos e produtos mais limpos. A racionalidade que imprimem às suas atividades os torna imprescindíveis. Sua lógica costuma ser uma aliada importante no esforço de derrubar as barreiras que se interpõem às mudanças socioambientais.

Na segunda categoria estão os líderes facilitadores. Ao contrário dos que compõem o primeiro grupo, esses indivíduos são generalistas e mais preocupados com o modo como os diferentes elementos de um time se apropriam do conceito de sustentabilidade para promover a mudança. A fonte primária de significado à qual recorrem é o empoderamento de pessoas. Satisfazem-se em desenvolver as condições internas, removendo eventuais obstáculos comportamentais e assegurando uma gestão eficaz de recursos humanos e técnicos.

Um bom facilitador ajuda a criar cultura. Enquanto o especialista diverte-se com o poder da solução, o facilitador sente prazer em ver os profissionais trabalhando a solução no cotidiano da empresa. Fazer funcionar é a sua missão. E ele sabe que, para cumpri-la, terá de extrair o melhor de um grupo que precisa estar motivado para correr riscos, aceitar a insegurança circunstancial, abrir mão de práticas consagradas em nome de outras, mais inovadoras. Nos tempos de hoje, não se concebe mais que o facilitador seja um chefe, com autoridade concentrada no velho binômio comando-controle. É fundamental que se mostre um líder. Ray Anderson, cuja trajetória vimos em capítulo anterior, é um típico exemplar de facilitador.

Já os catalisadores são indivíduos que normalmente se encontram em posições estratégicas nas corporações. Visionários e bons observadores de tendências, eles compreendem que não há outra alternativa para a empresa senão incorporar a sustentabilidade nas estratégias de negócio. Líderes e gestores qualificados procuram cercar-se de especialistas e facilitadores competentes a fim de garantir a realização cotidiana da macrovisão sustentável que estabeleceram para a empresa. Não precisam ser necessariamente aficionados pelo tema, a ponto de o adotarem como mote principal de seus discursos e de suas vidas. Mas nunca deixam de incluí-lo entre as prioridades da organização. Nem se furtam a estabelecer metas ousadas, cobrar o cumprimento de diretrizes ou analisar o quanto a empresa caminha na direção da sustentabilidade. Há bons exemplos de catalisadores na parte 2 deste livro.

No quarto grupo encontram-se os ativistas. O nome já sugere o que os distingue dos demais. Enquanto os indivíduos das três primeiras categorias extraem prazer de gerar benefícios sustentáveis para o negócio, os ativistas valorizam a contribuição maior que ele possa dar ao planeta e à sociedade – Anita Roddick, como já vimos anteriormente, é um espécime dessa classe. Eles precisam ter certeza de que trabalham em corporações nas quais os resultados econômico-financeiros não ocorrem em prejuízo da conservação ambiental ou da justiça social. Bastante colaborativos, destacam-se também pela convicção fervorosa com que questionam comportamentos potencialmente danosos às comunidades e ao meio ambiente. Representam a instância do superego[2] nas organizações. Estão sempre prontos para apontar eventuais falhas, mas também os melhores caminhos.

Na maioria das corporações, há muitos líderes ativistas de sustentabilidade ocupando todas as posições hierárquicas. Quando não têm o poder das grandes mudanças, dedicam-se às mudanças menores (redução do consumo de recur-

---

[2] O superego representa, na teoria psicanalítica, uma das três estruturas do aparelho psíquico. É a parte moral da mente humana, uma vez que incorpora os valores da sociedade. Uma de suas funções é inibir qualquer impulso contrário às regras e ideias por ela ditados.

sos ou eliminação de hábitos perdulários) como se fossem fiéis fundamentalistas de uma religião, o que os torna muitas vezes incompreendidos. "Ecochato" é um de seus apelidos mais comuns. Caracteriza-os a obstinação, bem como a paixão pela causa e o espírito coletivista.

Na impossibilidade de contar com líderes fortes nos quatro perfis, o ideal para as organizações seria ter, em seus quadros, especialistas, facilitadores e catalisadores com, pelo menos, um décimo da paixão dos ativistas. A mudança viria não apenas com maior rapidez, mas também com mais consistência.

Quatro modelos mentais para líderes sustentáveis

O futurólogo John Naisbitt, autor do famoso *Megatendências* (1982),[1] tem sido uma importante voz dissonante no debate sobre o aquecimento global. Amparado pelo currículo de quem já previu fatos importantes como o avanço dos movimentos de espiritualidade e as radicais transformações da tecnologia de informação e comunicação, ele costuma apontar "exageros" na abordagem do tema, que, em sua opinião, se tornou uma espécie de "onda" da qual se classifica como "infiel".

Embora Naisbitt não tenha dado pistas, em suas entrevistas mais recentes, sobre o que pensa a respeito da difusão do conceito de sustentabilidade nos negócios, seu mais recente livro, *O líder do futuro* (2007), reúne algumas ideias interessantes e aplicáveis ao contexto dos líderes em sustentabilidade, especialmente o desafio de pensar o desenvolvimento sustentável a partir da lógica de oportunidade de negócios.

---

[1] Famoso especialista em previsão de tendências globais, o escritor norte-americano John Naisbitt (1929) foi assessor dos presidentes John F. Kennedy e Lyndon Johnson. Seu livro *Megatendências*, estrondoso sucesso de vendas, foi publicado em 57 idiomas.

Dos onze modelos mentais sugeridos por Naisbitt a líderes interessados em compreender o presente e antecipar o futuro, quatro deles cabem muito particularmente aos líderes em sustentabilidade. Vale a pena refletir sobre eles, com base no que exporemos a seguir.

Modelo 1. Embora muitas coisas mudem, a maioria delas permanece constante

Com essa afirmação, Naisbitt confronta o famoso bordão de que, nos negócios, a única certeza é a mudança. Para o pensador, tal ideia peca pelo excesso de generalidade. Pior do que isso, malcompreendida, pode levar os líderes empresariais a se apartarem do que é essencial, gastando energia com variáveis que não influenciam nem influenciarão nossas vidas. O desafio consiste, portanto, em distinguir modismo de tendência.

O paulista Leontino Balbo é um exemplo que ilustra o modelo proposto pelo futurólogo. Acionista e diretor da Organização Balbo, nascida há 62 anos em Sertãozinho (SP), iniciou em 1987 um projeto chamado Cana Verde, com o objetivo de produzir cana orgânica e ambientalmente responsável. À época, houve quem achasse a iniciativa tola. Afinal, quantos consumidores estariam dispostos a pagar mais por açúcar livre de agrotóxicos? O tempo provou que eles se contavam aos milhões.

Hoje a Native, principal marca do grupo, é um dos maiores empreendimentos de agricultura orgânica do mundo, tendo obtido as principais certificações internacionais, o que a credencia a exportar para cem clientes em 67 países.[2] O segredo do sucesso é simples. A empresa foi capaz de identificar e se antecipar a uma tendência que se esboçava no mercado para o consumo de produtos mais saudáveis e ecologicamente equilibrados. Duas coisas que nunca mudam nos negócios, e Balbo soube, com senso de oportunidade, aproveitá-las: 1) quem abre a picada sempre sai na frente e desfruta de vantagens competitivas difíceis de superar; 2) os consumidores são movidos, em suas decisões de compra, pelos valores de seu tempo, e o tempo atual valoriza os produtos saudáveis e sustentáveis.

---

[2] Alexa Salomão, "Natureza inovadora" em *Época Negócios*, ago. de 2009, pp. 88-101.

Modelo 2. Compreenda o poder que há em não precisar estar certo

As pessoas são culturalmente condicionadas a ter de estar certas. Sempre. Nas corporações, isso é uma espécie de seita fundamentalista. Premia-se os que têm mais certezas, ainda que elas sejam, muitas vezes, falaciosas e fruto muito mais de arrogância executiva do que de intuição de negócios ou de convicção técnica. O seu excesso constitui barreira à aprendizagem e, por consequência, à mudança e à inovação. Não ser obrigado a ter razão, ao contrário, dá liberdade para ousar, dirigir na contramão e pensar "fora da caixa".

Em 1995, quando começou a pesquisar uma tecnologia para carro híbrido elétrico-gasolina, o então-presidente da Toyota, Hiroshi Okuda,[3] foi motivo de piada entre os concorrentes. Todo mundo achou que a fabricante japonesa se equivocava em sua previsão sobre uma futura crise de combustível e exagerava na leitura de um cenário no qual pessoas viriam a preferir carros verdes. O modelo *Prius* foi um sucesso estrondoso de vendas.[4] E a Toyota superou a até então imbatível General Motors em volume de vendas. Os que não têm tantas certezas – e apostam no valor da sustentabilidade – são sempre os que riem por último.

Modelo 3. A resistência à mudança diminuirá se os benefícios forem reais

Boa história é a de Darcy Winslow, gerente-geral do setor de calçados femininos da Nike,[5] a famosa empresa de artigos esportivos que, em 1996, foi objeto de escândalo global, após a denúncia de que havia trabalho escravo e infantil

---

[3] Hiroshi Okuda (1932) trabalhou na Toyota por cinquenta anos, ocupando a presidência da companhia de 1995 a 1999.

[4] O *Prius* tornou-se um ícone dos automóveis híbridos. A primeira geração foi lançada no mercado japonês em 1997. Em 2001, ingressou em outros mercados. Até setembro de 2010, as vendas de *Prius* em setenta países somaram 2 milhões de unidades. Segundo a agência norte-americana de proteção ambiental (EPA – Environmental Protection Agency), o *Prius 2010* é o carro com a maior economia de combustível e também o mais "limpo" no mercado norte-americano.

[5] Essa história é uma das pérolas colhidas por Otto Scharmer *et al.* (2007). Darcy Winslow ocupou essa função entre 1988 e 2008. Hoje atua como consultora de sua empresa, a Sustainable World Consulting.

em um de seus fornecedores asiáticos. O caso tornou-se – como se sabe – paradigmático no debate sobre a responsabilidade social empresarial.

Em 2001, coube a Winslow o desafio de desenvolver processos e produtos ambientalmente responsáveis. Para dar conta da empreitada, a executiva reuniu colaboradores e criou um "grupo de estratégias empresariais sustentáveis", uma espécie de força-tarefa cuja missão era integrar os departamentos de inovação, os designers, gerentes de produtos, engenheiros e empregados em torno da ideia de "pensar verde".

Segundo a própria Winslow, iniciado o processo colaborativo de incluir as pessoas no planejamento da mudança, não demorou muito para que emergissem o que ela classifica como "paixões profundas". De forma espontânea, sem que se mostrasse necessário adotar qualquer artifício de estímulo à participação, os funcionários começaram a falar sobre o tema, a compreender intimamente a sua importância e a associar sustentabilidade com inovação – não por acaso uma das características mais marcantes da cultura Nike.

Na análise da executiva, quando os times concentraram o olhar no quanto a inovação sustentável poderia impactar os produtos da empresa, "ideias e energia fluíram de maneira espantosa" (Otto Scharmer *et al.*, 2007, p. 135). O resultado veio na forma de metas concretizadas antes do tempo. Além de estabelecer padrões elevados quanto à redução do desperdício e à responsabilidade coletiva na fabricação, a Nike, como parte da ação de seu quadro engajado de colaboradores, criou peças de vestuário à base de algodão orgânico, repensou componentes de borracha livres de toxinas químicas, retirou os solventes dos processos de manufatura e ainda hoje evolui, sem perder o ritmo, no uso de materiais ecológicos, alternativos ao PVC, em toda a sua linha de produtos.

A corporação, que um dia foi o antiexemplo de responsabilidade social, esforça-se para reelaborar princípios de design a fim de criar produtos inteiramente desmontáveis na ponta final de seu ciclo de vida, com componentes reutilizáveis e recicláveis.

Modelo 4. Não se obtêm resultados resolvendo problemas, mas explorando oportunidades

Essa é uma ideia fortemente defendida pelos dois Peters, o Drucker e o Senge, ainda que com argumentos diferentes.

Para Naisbitt, caçadores de oportunidades lidam com o futuro. Já os resolvedores de problemas trabalham com o passado. Na média das empresas, os últimos são mais comuns dos que os primeiros, até porque elas valorizam os que têm certezas, os que não precisam aprender mais nada sobre consumidores e mercados. As mudanças climáticas, a escassez de recursos naturais, a ascensão de uma ética de respeito ao planeta e o enorme contingente de populações na base da pirâmide social representam grandes oportunidades para quem deseja fazer bons negócios com proteção ao meio ambiente e equidade social. Faltam apenas os líderes capazes de enxergá-las com a necessária acuidade.

A história de Jeffrey Immelt, CEO da General Electric,[6] é um bom exemplo de exploração calculada de oportunidades em sustentabilidade. Quando, em dezembro de 2004, o sucessor do lendário Jack Welch[7] reuniu seus principais diretores para comunicar que todos os departamentos da empresa teriam que se esforçar para criar produtos ambientalmente responsáveis, a primeira reação foi de total incredulidade. A maioria pensou que o chefe perdera o juízo.

Afinal, como fabricar turbinas verdes em uma organização que até então sequer havia se preocupado em mensurar seus impactos ambientais? Incomodava-os, sobretudo, a ousadia de Immelt de achar que podia mexer, sem riscos, na estratégia de uma megacorporação centenária, com faturamento de 173 bilhões de dólares e uma reputação de ícone monolítico do capitalismo global a zelar.

---

[6] Além dessa função, Jeffrey Robert Immelt (1956) é também o atual presidente do conselho da General Electric. Era líder da divisão de sistemas médicos da GE, hoje GE Healthcare, quando foi escolhido pelo conselho de administração da empresa para substituir Jack Welch por ocasião de sua aposentadoria.

[7] O engenheiro químico norte-americano John Frances Welch Jr. (1935) fez carreira na General Electric. Em sua gestão, de 1981 a 2004, o valor de mercado da companhia saltou de 14 bilhões para 410 bilhões de dólares. É considerado um dos mais importantes executivos de negócios de todos os tempos.

O executivo estava convicto da aposta. Sabia que a nova linha de produtos, denominada Ecoimagination, hoje com mais de sessenta itens, atendia às expectativas de um novo perfil de consumidor preocupado com as mudanças climáticas. E que a atitude verde, longe de ser apenas um ato de generosidade para com o planeta, atrairia novos negócios.

Em 2007, a empresa investiu 1 bilhão de dólares na linha Ecoimagination, turbinando as vendas para um patamar de 14 bilhões, cerca de 10% do volume global de vendas da GE. Os negócios verdes crescem três vezes mais rápido do que a média dos demais produtos da empresa. Em 2009, o faturamento foi de 18 bilhões de dólares.

Nesse processo, Immelt contou com dois conselheiros e uma executora de mão cheia – líderes inegáveis em sustentabilidade. Chad Holliday,[8] ex-presidente da DuPont, foi uma espécie de *coach*. Funcionou como líder facilitador. Andrew Shapiro,[9] diretor da GreenOrder e responsável pela estratégia de produtos limpos da DuPont e da British Petroleum, ajudou no planejamento, assumindo a função de líder especialista. Já Lorraine Bolsinger,[10] executiva recrutada no *marketing* da GE, capitaneou a implantação, sendo o que Wayne Visser denomina líder catalisadora. Coube a ela, por exemplo, mobilizar e envolver os profissionais, introduzir o tema na cultura da empresa, estabelecer um sistema de padrões e definir critérios para os produtos.

Quem analisa os números da rápida evolução da Ecoimagination pode até achar que o caminho verde tem sido plano, sem sobressaltos. Não é bem assim. A mudança no modo de pensar e fazer negócios vem impondo enormes desafios à GE. Entre os mais "bicudos" enfrentados por Immelt, quatro merecem destaque.

---

[8] Charles (Chad) Holliday (1948) é hoje presidente do Bank of America. Foi CEO da DuPont entre 1998 e 2008. Sob sua liderança, a companhia adotou a missão de reduzir impactos ambientais e crescer de modo sustentável.

[9] Ex-editor da revista *The Nation*, Andrew Shapiro foi diretor do Aspen Institute. No ano 2000, fundou a consultoria GreenOrder.

[10] Engenheira biomecânica, Lorraine Bolsinger trabalha na General Electric desde 1981. É presidente e CEO da GE Aviations Systems.

O primeiro diz respeito à dificuldade natural de transformar a cultura organizacional de uma corporação global, com 327 mil funcionários espalhados em 83 países. Como a empresa optou por não ter um departamento de sustentabilidade, a tarefa de criar produtos verdes acaba sendo, na prática, de todos os colaboradores, o que exige diretrizes claras, metas bem definidas, ambiente que encoraje a inovação e um enorme esforço de educação para pensar "fora da caixa".

O segundo desafio refere-se ao fato de que, na maioria dos casos, os produtos verdes estão criando mercados absolutamente novos. Uma coisa é "tirar pedidos" para turbinas movidas a carvão em um mercado certo com clientes certos. Outra, bem diferente, é vender sistemas como o Ecohome, para controle do uso de água e energia em residências. Ninguém cria novos mercados impunemente. Há um custo inicial a se pagar – e aí se está diante do terceiro desafio, que é tornar os novos produtos comercialmente viáveis. Para fechar a equação de baixa escala e alto custo de desenvolvimento, os lançamentos verdes costumam cobrar 20% mais do que os similares convencionais.

O quarto desafio está relacionado com a superexposição pública. Ao adotar uma linha de produtos verdes, a General Electric entrou na alça de mira de ONGs, sociedade civil organizada e mídia vigilante. E passou a ser mais visada. A despeito de ter cortado 20% de suas emissões de carbono e da promessa de ampliar progressivamente a produção de equipamentos de energia eólica e solar, as poluidoras máquinas a carvão continuam a ser um dos carros-chefe da companhia. Superar contradições como essa, para que a GE não venha a ser incluída no time das empresas que praticam *greenwashing*,[11] é o próximo trabalho do hércules Immelt. Para ele, "investir nisso não é queimar dinheiro, mas sim construir um meio estratégico para criar valor, gerar confiança e reforçar a transparência. Em um futuro próximo, as empresas vão competir para ver quem é mais responsável ou não".[12]

---

[11] Expressão utilizada por ambientalistas para designar práticas de sustentabilidade divulgadas pelas empresas como estratégia para valorizar sua imagem, sem que suas ações correspondam à propaganda feita.

[12] Jeffrey Immelt, em um encontro de CEOs realizado em dezembro de 2009, em Nova York.

As vinte atribuições do líder em sustentabilidade

Ser líder em sustentabilidade dá trabalho. Por isso, ter um mapa com o "caminho das pedras" ajuda e muito. Pensando nisso, o Pacto Global da ONU lançou, em 2010, o Plano para Liderança em Sustentabilidade Empresarial[1] com a intenção de estabelecer um modelo de atuação para as empresas signatárias e, dessa forma, contribuir para desenvolver capacidades, habilidades e recursos. Na introdução do documento de vinte páginas, a entidade reconhece que, embora haja mais presidentes de empresa e conselhos de administração liderando a agenda da sustentabilidade, o conceito ainda "não penetrou na maioria das empresas que operam nos mercados em todo o mundo".[2] Leitura mais do que correta.

Nos dez anos de experiência, o Pacto Global admite ter aprendido duas lições importantes. Primeira, que o alto desempenho em sustentabilidade das empresas líderes constitui a mais abundante fonte de

---

[1] Esse plano foi lançado oficialmente no dia 24 de junho de 2010, em Nova York, na abertura do III Encontro de Líderes do Pacto Global.

[2] Esta citação e as duas seguintes foram extraídas do documento do Pacto Global da Organização das Nações Unidas, *Plano para Liderança em Sustentabilidade Empresarial* (2010, p. 1).

inspiração para aquelas que "se encontram nos degraus mais baixos da pirâmide da sustentabilidade". E segunda, que os atuais desafios globais – entre eles os de clima, água, paz e biodiversidade – exigem um "novo patamar de desempenho" para as companhias que desejam "efetivamente cumprir a promessa da sustentabilidade". Ressalte-se o advérbio "efetivamente".

Produto de longas discussões com as empresas signatárias e suas partes interessadas, órgãos das Nações Unidas e especialistas, o plano se estrutura em três dimensões. Uma diz respeito à implantação dos dez princípios[3] em estratégias e operações de negócios, incluindo a definição de políticas e procedimentos de gestão, a adequação às funções corporativas e unidades de negócio, bem como a implementação na cadeia de valor.

A segunda refere-se ao apoio das empresas às questões e aos objetivos mais amplos da ONU: paz e segurança; objetivos de desenvolvimento do milênio; direitos humanos; direitos da criança; igualdade de gênero; saúde; educação; assistência humanitária; migração; segurança alimentar; ecossistemas sustentáveis e biodiversidade; mitigação e adaptação às mudanças climáticas; segurança hídrica e saneamento; emprego e condições decentes de trabalho; combate à corrupção.

Escrito em linguagem direta e tom ligeiramente didático, sob a estrutura de tópicos sucintos, o documento do Pacto Global reforça a necessidade de planejar as contribuições do negócio principal da empresa para esse conjunto de questões, defendendo investimentos sociais estratégicos, a participação em campanhas e políticas públicas, e ações cooperativas.

Já a terceira dimensão prega o compromisso com o Pacto Global, seja por meio da formação de redes e grupos de trabalho locais e globais, seja por iniciativas setoriais e temáticas.

Na intersecção dessas três dimensões, o Pacto Global identificou o que classifica como "componentes transversais". Eles são quatro. Não por acaso, a liderança comprometida dos presidentes de empresa abre a lista.

---

[3]   São princípios universais relacionados com direitos humanos, direitos do trabalho, proteção ambiental e combate à corrupção.

De acordo com o modelo proposto, o principal executivo deve "fazer declarações públicas claras e demonstrar liderança pessoal em sustentabilidade" (Pacto Global, 2010, p. 16). Seu papel é também promover iniciativas para ampliar o debate do conceito de sustentabilidade no setor de atuação, além de comandar o desenvolvimento de normas setoriais específicas. Espera-se, ainda, que ele lidere uma diretoria ou um grupo de executivos na condução da estratégia de sustentabilidade empresarial, estabelecendo objetivos firmes e cuidando pessoalmente de sua implementação. Recomenda, por último, que o líder número 1 inclua os critérios de sustentabilidade – e os princípios do Pacto Global – nos grandes objetivos e nos sistemas de incentivo para a presidência e a diretoria.

O segundo componente transversal trata do conselho de administração – ou instância equivalente –, ao qual deve ser atribuída a responsabilidade de supervisionar a estratégia e o desempenho de longo prazo, a criação de comitês e a elaboração de um relatório de sustentabilidade comunicando a evolução das práticas adotadas pela companhia.

Ainda de acordo com o documento, mesmo que implicitamente, os líderes têm papel fundamental na consolidação dos outros dois componentes. Cabe-lhes reconhecer, em público, os impactos da empresa, criar canais de engajamento e consulta das partes interessadas e definir a estratégia de sustentabilidade em consonância com as demandas captadas junto aos *stakeholders*. Além disso, devem ser os porta-vozes da transparência, divulgando, da melhor maneira possível, informações que possam interessar seu público e a sociedade. Em resumo, dos líderes em sustentabilidade muito será exigido. Há bastante trabalho a ser feito.

Uma livre análise do modelo proposto pelo Pacto Global da ONU levou-nos a extrair *vinte atribuições* para o líder em sustentabilidade, conforme descrevemos a seguir:

1	Comandar a elaboração de uma estratégia consistente de sustentabilidade para a empresa, buscando a cooperação entre as diferentes áreas e as questões/causas mais relevantes para o negócio e o seu setor de atuação; fazer com que o conceito permeie a cultura organizacional, transformando-o em um valor corporativo relevante para a definição da identidade da companhia
2	Garantir uma coordenação entre as diversas funções corporativas da empresa com o objetivo de maximizar o desempenho em sustentabilidade
3	Com base em uma análise permanente de cenários, avaliar riscos e oportunidades relacionados com questões de sustentabilidade para a empresa e o setor
4	Assegurar que a empresa identifique, de forma clara, todos os impactos socioambientais negativos causados por suas operações; cuidar para minimizá-los ou eliminá-los
5	Definir políticas específicas e cenários para o futuro, estabelecendo metas mensuráveis de curto, médio e longo prazos
6	Envolver e educar funcionários e colaboradores, adotando programas de treinamento e desenvolvimento, e também sistemas sólidos de incentivo
7	Realizar monitoramento e mensuração de desempenho baseados em métricas específicas para, por exemplo, gestão de água, energia, emissões de gases de efeito estufa, poluição, efluentes e biodiversidade
8	Responsabilizar, pela execução da estratégia, áreas corporativas essenciais, como compras, *marketing*, recursos humanos, jurídico e relações institucionais, assegurando que nenhuma delas atue em conflito com os compromissos e objetivos de sustentabilidade da empresa
9	Alinhar estratégias, metas e estruturas de incentivo de todas as unidades operacionais com os objetivos e compromissos de sustentabilidade da empresa
10	Analisar cada elo da cadeia de valor, mapeando impactos, riscos e oportunidades
11	Envolver fornecedores na estratégia de sustentabilidade; sensibilizar, treinar e capacitar parceiros de negócio; monitorar o quanto estão alinhados com os compromissos e práticas da empresa
12	Rever processos e modos de produzir; desenvolver produtos e serviços ou conceber modelos de negócio que contribuam para promover a sustentabilidade

(cont.)

13	Realizar investimento social alinhado com as competências da empresa e o contexto operacional de seu negócio, enquadrando-o em sua estratégia de sustentabilidade; atuar sempre em sintonia com as políticas públicas correlacionadas para garantir maior eficácia nos resultados
14	Integrar campanhas e iniciativas públicas, assumindo, em suas comunicações (palestras, aulas magnas, artigos), compromissos com as questões mais relevantes de sustentabilidade
15	Coordenar esforços com outras organizações – de primeiro, segundo e terceiro setor – a fim de potencializar investimentos e não anular outras iniciativas de desenvolvimento sustentável
16	Cooperar com organizações do mesmo setor e com outras partes interessadas em iniciativas que ajudem a encontrar respostas para desafios comuns, local ou globalmente, com ênfase naquelas que venham a ampliar o impacto positivo sobre a cadeia de valor
17	Fazer o papel de mentor para empresas do mesmo setor ou de outro setor que ainda se encontrem em estágio inicial de implantação de práticas sustentáveis; na condição de referência em liderança em sustentabilidade, facilitar o acesso a informações por parte daqueles que desejam conhecer a política da empresa
18	Comunicar, de forma ampla, os resultados e a evolução de suas práticas de sustentabilidade, visando prestar contas às partes interessadas e à sociedade, e também estimular o comportamento sustentável de outras empresas
19	Envolver e educar os *stakeholders* para que conheçam as políticas da empresa e participem, a seu modo, de sua consecução no dia a dia
20	Capitanear o processo de mudança, inserir as dimensões social e ambiental na noção de sucesso empresarial, superar a inércia e o apego aos modelos consagrados, estabelecendo uma visão e uma missão de sustentabilidade

Os grandes dilemas da transição de modelos

Com base em dados de estudo de 2010 (*A New Era of Sustainability: UN Global Compact-Accenture CEO Study 2010*, 2010) do Pacto Global e também de pesquisa feita por sua área de sustentabilidade com CEOs de 275 empresas ranqueadas na lista Fortune 1.000,[1] especialistas da Accenture apontam cinco grandes dilemas – na verdade, "trabalhos de Hércules" – impostos aos líderes que querem inserir a sustentabilidade na gestão dos negócios.[2] Para superar cada um desses dilemas, enunciados na forma de perguntas, são apontados diferentes desafios práticos, muitos dos quais já foram ou vêm sendo enfrentados com sucesso pelos líderes entrevistados neste livro.

O primeiro dilema diz respeito ao custo de sair à frente oferecendo o benefício adicional da sustentabilidade aos clientes, que não parecem ainda inteiramente preparados para valorizá-lo. "É vantajoso investir em produtos e serviços orientados para a

---

[1]   A Fortune 1000 é uma lista da revista *Fortune* com as 1000 maiores empresas norte-americanas em volume de receita.

[2]   Trata-se do estudo de Bruno Berthon, David J. Abood, Peter Lacy, (2010).

sustentabilidade enquanto os consumidores e clientes ainda não definiram como vão aceitar essa oferta?",[3] questionam os especialistas da Accenture.

A resposta a esse dilema passa, segundo o estudo, pelos desafios de desenvolver produtos sustentáveis realmente inovadores, fornecer a maior quantidade possível de informações sobre os atributos socioambientais e educar os consumidores para que sejam mais conscientes no ato de consumo, oferecendo incentivos financeiros e psicológicos capazes de fortalecer esse comportamento.

O segundo dilema está ligado à ideia – nem sempre inteiramente verdadeira – de que pensar e planejar sustentabilidade representa um trabalho a mais. "Como desenvolver as capacidades necessárias para colocar a sustentabilidade no centro do negócio principal quando já se exigem muitos talentos dos funcionários?", ressalta o estudo.

Na opinião dos especialistas da Accenture, o dilema só poderá ser solucionado se houver uma definição muito clara, por parte da empresa, das competências exigidas, aliada a uma combinação de treinamento interno com educação externa e à adoção de um papel ativo dos governos na criação de políticas públicas educacionais que promovam a capacitação em sustentabilidade.

O terceiro dilema está relacionado com as dificuldades de avaliar o retorno da sustentabilidade para o negócio: "Como construir um novo modelo de análise de valores corporativos que considere as práticas sustentáveis quando as métricas são vagas?".

Se quiserem superar esse impasse, os líderes terão de desenvolver metodologias que permitam medir o desempenho em sustentabilidade em termos de impactos negativos e positivos para a sociedade, vincular o desempenho em sustentabilidade a réguas convencionais (como aumento de receitas, redução de custos, riscos e resultados para a reputação da empresa) e incorporar os resultados na análise de desempenho e na remuneração dos funcionários.

O quarto dilema trata da ausência de regras bem definidas por parte do poder público. Cerca de 60% dos diretores-presidentes entrevistados acham que

---

[3]   Esta e as demais questões a seguir foram extraídas de *Ibid.*, pp. 5, 7, 8, 9 e 11, respectivamente.

os governos devem ter participação mais efetiva no encaminhamento das questões de sustentabilidade. "Como fazer investimentos de longo prazo em sustentabilidade quando não há um ambiente regulatório claro ou consistente entre os países?", convida a Accenture à reflexão.

O estudo defende a realização de esforços conjuntos entre as esferas pública e privada no sentido de estabelecer mecanismos que favoreçam a colaboração. Mercado e governos – prega – precisam trabalhar juntos, visando a resultados comuns.

O quinto dilema mencionado pelo estudo foi uma questão que surgiu em vários momentos das entrevistas feitas para este livro. Refere-se à dificuldade de administrar o conflito intrínseco entre o curto e o longo prazo: "Por que investir em iniciativas de sustentabilidade quando não há garantia de retorno para os investidores?", indaga o estudo.

A solução para esse impasse exigirá dos líderes clareza nas informações, objetividade na argumentação e convicção no convencimento da comunidade investidora. Saber prestar contas regularmente do impacto da sustentabilidade para o negócio passou a ser uma competência imprescindível, ao lado da capacidade de envolver e influenciar governos para criar ambiente de incentivos que recompense investimentos em produtos e serviços sustentáveis.

O que há de comum e de diferente entre os líderes convencionais e os líderes em sustentabilidade

A considerar a particularidade das vinte atribuições referidas no modelo de liderança do Pacto Global, assim como os complexos desafios apontados para cada um dos cinco grandes dilemas do estudo da Accenture, é justo, a essa altura, propor a seguinte reflexão: "Os líderes em sustentabilidade apresentam atributos específicos que os diferenciam dos líderes convencionais de negócio?".

A resposta parece ser "sim", muito embora, na essência, os primeiros também carreguem consigo os atributos gerais considerados indispensáveis aos bons líderes. Não é incorreto, no entanto, afirmar que algumas características peculiares do estilo de pensar e agir dos líderes em sustentabilidade evocam princípios, digamos "universalmente consagrados", da liderança contemporânea.

Para melhor ilustrar essa ideia, convém fazermos uma breve releitura de modelos sugeridos por importantes pensadores clássicos de liderança. Recorramos, primeiro, a Warren Bennis,[1] professor de

---

[1] O norte-americano Warren Bennis (1925) é consultor estudioso dos temas de liderança. Presidente-fundador do Leadership Institute da

negócios da Universidade do Sul da Califórnia, tido como um profeta do tema. Anita Roddick, Ray Anderson, Jefrey Immelt, bem como os líderes que emprestam suas histórias a este livro, certamente têm todas as seis características básicas de liderança propostas pelo autor de *A essência do líder* (2010).[2] Todos são apaixonados pelo que fazem, têm uma noção clara (visão orientadora) do que desejam realizar e muita força para persistir a despeito dos obstáculos, sabem conquistar a confiança dos outros, são íntegros (agindo sempre de acordo com seus princípios), têm a curiosidade necessária para aprender e a ousadia para correr riscos e experimentar coisas novas.

Invariavelmente, ora com ênfase em uma capacidade, ora em outra, os líderes aqui retratados contam com as sete mega-habilidades de liderança recomendadas por Burt Nanus.[3] Têm visão de futuro, sabem controlar o ritmo da mudança, preparam a organização para concretizar a visão desejada, conseguem aprender sempre, têm a iniciativa de fazer as coisas acontecerem, incentivam a troca de ideias, a livre expressão e a confiança mútua e, principalmente, são justos, honestos, tolerantes, abertos e leais.[4]

Como os líderes "baseados em valores", classificados por James O'Toole,[5] eles pautam sua atuação por integridade, responsabilidade de refletir os valores e aspirações de seus liderados, capacidade de ouvir as pessoas e aceitar as opiniões divergentes das suas e a crença efetiva no que dizem e fazem.[6]

[ ] University of Southern California, criou a teoria revisionista da liderança, publicada pela primeira vez na *Harvard Businesse Review*. Escreveu 27 livros, entre os quais *Co-Leaders: the Power of Great Partnerships* (1999), em parceria com David A. Heenan.

[2] Como o próprio título da edição brasileira sugere, esse livro é referência em liderança. As seis características foram extraídas de Warren Bennis, (1999, p. 19).

[3] Importante pesquisador norte-americano de liderança, Burt Nanus ocupa a diretoria de pesquisas do Leadership Institute, da Universidade do Sul da Califórnia. Escreveu, com Warren Bennis, o famoso livro *Líderes: estratégia para assumir a verdadeira liderança* (1988; ed. ingl.: 1985).

[4] As sete mega-habilidades foram extraídas de Burt Nanus *apud* Boyett & Boyett (1999, p. 20).

[5] Ex-vice presidente do Aspen Institute, organização sem fins lucrativos dedicada à qualidade da liderança, o norte-americano James O'Toole foi consultor da MCKinsey & Company e um dos mais importantes líderes da área de educação superior de negócios dos Estados Unidos. É autor de *Leading Change: the Argument for Values-Based Leadership* (1996).

[6] As características foram extraídas de James O'Toole *apud* Boyett & Boyett (1999, p. 20).

Das oito características diferenciais dos "líderes fundados em princípios", segundo Stephen Covey,[7] eles enxergam a vida como uma missão, são otimistas e acreditam nas pessoas, sabem explorar as oportunidades com coragem e sabedoria, e buscam a sinergia em tudo o que realizam (Stephen R. Covery *apud* Boyett & Boyett, 1999, p. 22).

Dos doze atributos pregados por Max De Pree,[8] os líderes aqui descritos partilham da "consciência do espírito humano", da coragem nos relacionamentos, do conforto com a ambiguidade, da capacidade de previsão, do respeito pelo futuro, da consideração pelo presente e da compreensão do passado (Max De-Pree *apud* Boyett & Boyett, 1999, p. 23).

Todos eles, sem exceção, encarnam, à perfeição, as "três mudanças fundamentais nos deveres e responsabilidades do líder", muito bem sintetizadas pelo casal Joseph e Jimmie Boyett[9] no famoso *Guia dos gurus* (1999). São "menos estrategistas e mais visionários", porque sabem que as estratégias respondem a "o que", mas só as visões oferecem os "porquês", que de fato movem as pessoas.

São "menos comandantes" dispostos a dar ordens e "mais contadores de histórias", porque compreendem que a ação de liderar implica comunicar ideias, estimular, atrair e criar vínculos emocionais com os liderados. E, por fim, são "menos arquitetos de complexos sistemas de comando e controle" e "mais agentes e servos de mudança", que trabalham para os seus "seguidores", abrindo caminho à frente de organizações inovadoras.

A ideia do líder servidor, disseminada por James Hunter,[10] hoje é quase um lugar-comum, objeto de livros e palestras de autoajuda. Em sua essência, o líder

---

[7] É fundador do Covey Leadership Center e do Institute for Principle-Centered Ledarship. Escreveu vasta obra, da qual se destaca o famoso *Os sete hábitos das pessoas altamente eficazes* (1989).

[8] Max De Pree é presidente do conselho da Herman Miller, fabricante de móveis de escritório. Seu grande livro, *Liderar é uma arte* (1990), vendeu quase 1 milhão de exemplares.

[9] Joseph foi consultor de gestão de algumas das mais importantes companhias norte-americanas, como IBM, Merck e EDS. Autor de várias obras, é coautor de um livro considerado clássico da gestão de negócios: *The Quality Journey* (1993). Jimmie é consultora, sócia da Boyett & Associates e coautora (com Joseph) de *Beyond Workplace 2000* (1995).

[10] O livro de James Hunter sobre liderança servidora, *O monge e o executivo* (2004), é um *best-seller* mundial.

em sustentabilidade é o que o ensaísta norte-americano Robert K. Greenleaf[11] denominou "servo-líder". Flexível, ético, honesto e humilde, está sempre disposto a ser útil e a ajudar, coloca as pessoas em primeiro lugar, estimula o surgimento de outras lideranças, atua fortalecendo as equipes, ouve as opiniões com atenção, respeita a diversidade de pontos de vista e, em lugar de exigir a participação, sabe convocar os indivíduos (Boyett & Boyett, 1999, pp. 52-53).

Em *O guia dos gurus*, o casal Boyett faz uma ampla análise do que pensam os mais importantes filósofos da liderança sobre até onde se consegue "aprender a ser líder". A mesma reflexão cabe aqui, ao final desta primeira parte, mas com ênfase no tema que nos mobiliza: "É possível aprender a ser um líder em sustentabilidade?".

A resposta parece ser "sim" e "não". Após se debruçarem sobre a vasta obra de 24 gurus de liderança, os autores creem que sim, é perfeitamente possível dominar as teorias, as estratégias e táticas, assim como aprender as técnicas, as habilidades e os estilos de comunicação. Por outro lado, eles não acreditam que alguém possa aprender, de modo rápido e fácil, as sutilezas, os sentimentos, a intuição, a emoção, a empatia e a paixão que caracterizam os líderes.

A conclusão – em nossa opinião, também aplicável ao líder em sustentabilidade – é mais ou menos a seguinte: a escola pode ajudar o líder a ser melhor, mas não conseguirá transformá-lo em líder se ele não for efetivamente um.

Em sua análise, Joseph e Jimmie Boyett afirmam que a liderança diz respeito ao indivíduo como um todo. Ninguém nasce líder. Mas ninguém se torna líder instantaneamente. Para eles,

O PROCESSO DE LIDERANÇA É LONGO E GRADATIVO E SE DESENVOLVE DA SEGUINTE FORMA: 1) OS GENES E AS EXPERIÊNCIAS NA PRIMEIRA INFÂNCIA CRIAM A PREDISPOSIÇÃO; 2) UMA EDUCAÇÃO NÃO CONVENCIONAL, VOLTADA, POR EXEMPLO, PARA AS ARTES, CRIA UMA BASE AMPLA DE CONHECIMENTOS; 3) A EXPERIÊNCIA FORNECE A

---

[11] Greenleaf (1904-1990) estudou durante toda a vida o conceito de organização, tendo sido o primeiro pensador a tratar o tema da liderança como a capacidade de servir. Esse conceito nasceu da leitura de um texto do escritor Herman Hesse.

SABEDORIA QUE VEM DA PRÁTICA DO CONHECIMENTO; 4) O TREINAMENTO APERFEIÇOA O COMPORTAMENTO EM ÁREAS ESPECÍFICAS COMO A COMUNICAÇÃO (BOYETT & BOYETT, 1999, P. 59).

O mesmo parece valer para o líder em sustentabilidade. Ninguém nasce líder em sustentabilidade. Mas pode se tornar um. As interações familiares ajudam a formar valores, uma boa educação desenvolve os conhecimentos necessários – e, mais do que isso, a competência de aprender a aprender –, os desafios cotidianos da experiência profissional contribuem para o exercício de atitudes e os treinamentos específicos moldam habilidades.

Das conversas com vinte líderes empresariais, sintetizamos, nos quadros a seguir, valores, atitudes, habilidades e conhecimentos que, na visão dos entrevistados, distinguem o líder em sustentabilidade. A intenção é que o leitor reflita sobre essas características, identifique se, e com que intensidade, as possui e saiba quais – e em que condições – podem ser potencializadas ou desenvolvidas. Nosso sincero desejo é que, por seu conteúdo humano, as histórias contadas a seguir, na parte 2 deste livro, sirvam como elemento fundamental para a qualidade dessa reflexão. Foi a maneira que encontramos de proporcionar alguns minutos de "convívio" com quem está liderando a sustentabilidade nas principais empresas brasileiras.

Conhecimentos

1	Compreensão das tendências relacionadas com os grandes temas da sustentabilidade que irão impactar, direta ou indiretamente, o negócio e o setor, como as mudanças climáticas, escassez de recursos naturais, pagamento por serviços ambientais, esgotamento do solo, pobreza, violência, e conflitos intergeracionais, entre outros
2	Profundo conhecimento de toda a cadeia de valor, dos impactos socioambientais em cada elo e das formas de minimizá-los ou eliminá-los
3	Domínio dos fundamentos técnicos das grandes questões da sustentabilidade, seus fenômenos e implicações práticas
4	Domínio de indicadores, ferramentas, métricas e práticas que tornam tangível a gestão sustentável
5	Sólida cultura geral e entendimento dos grandes temas da sustentabilidade, seus desafios e oportunidades, em nível local e global
6	Noções de ecologia, ecoeconomia, ecoeficiência, gestão ambiental e desenvolvimento sustentável, formadas com base na leitura de obras clássicas (algumas citadas neste livro) e dos documentos internacionais mais importantes, relacionados com o tema
7	Autoconhecimento implicando a identificação de potenciais e limites nos diferentes papéis exercidos pelo líder

Habilidades

1	Ser um facilitador e disseminador da sustentabilidade dentro e fora da organização; atuar como mentor entusiasmado, educador interessado dos *stakeholders*
2	Transformar valores e crenças em planos de ação e práticas mais sustentáveis; saber "fazer acontecer" a sustentabilidade na empresa
3	Comunicar ideias de sustentabilidade de forma clara, objetiva, direta, autêntica e entusiasmada
4	Mobilizar diferentes públicos de interesse; atrair seguidores, adeptos e simpatizantes para as causas, metas e projetos de sustentabilidade da empresa
5	Converter o que seriam riscos para os clientes em oportunidades de negócios sustentáveis
6	Criar o futuro não apenas com base na leitura e análise de dados do passado, mas de uma visão projetada pela empresa com a participação dos seus colaboradores e partes interessadas
7	Saber escutar e saber conversar, promovendo diálogos abertos, leais e construtivos com todos os públicos de interesse
8	Pensar de modo sistêmico, com o olhar no longo prazo, enxergando a sustentabilidade em suas diferentes variáveis e correlações com o negócio
9	Analisar a sustentabilidade com base no todo e não só em um de seus aspectos; considerar o todo, tomando por base o conjunto mais amplo possível de visões, não se restringindo à óptica de uma comunidade
10	Julgar e promover ajustes entre o que é necessário (para o negócio) e o que é certo (para a sociedade e o planeta) fazer
11	Saber atuar em rede
12	Exercitar a empatia, colocando-se no lugar dos públicos afetados pelas atividades da empresa e aprendendo a pensar e a sentir com os parâmetros e valores desses públicos
13	Saber incorporar os diferentes públicos de interesse no planejamento baseado na convicção de que a sobrevivência de qualquer empresa depende da capacidade que ela tem de interagir de modo construtivo com eles
14	Reconhecer as dinâmicas da organização como um sistema vivo e atuar para torná-las saudáveis
15	Saber catalisar as energias e os talentos para a mudança necessária

Atitudes

1	Coragem para mudar modelos de negócio consagrados, sustentar decisões difíceis e enfrentar os dilemas de sustentabilidade do negócio e do mercado
2	Coerência entre o que se diz e o que se faz
3	Introduzir a sustentabilidade na estratégia e na cultura da organização, fazendo com que ela deixe a periferia das ações pontuais e esporádicas e passe a orientar decisões de negócio
4	Flexibilidade para lidar com realidades dinâmicas, complexas e mutáveis
5	Agir com alegria e senso de humor
6	Abertura para aprender com a experiência do outro (indivíduos, organizações, fornecedores, comunidades, governos), compreendendo que, num campo de saberes em construção, não se têm todas as respostas prontas e que a formação do conhecimento deve ser coletiva
7	Ser o exemplo vivo da mudança que se pretende operar na empresa
8	Valorizar a noção de interdependência na tomada de decisões e na adoção de estratégias de negócio
9	Ter alta energia, voltada para a execução, ter disposição e envolvimento com os projetos de sustentabilidade, crer na empresa e em seus valores
10	Ser proativo para pautar permanentemente o tema da sustentabilidade, transformando-o em agenda comum de funcionários, colaboradores e parceiros
11	Prestar contas sempre, e de modo transparente, a todos os públicos de interesse da empresa
12	Estabelecer noções de padrões de desempenho de sustentabilidade e avaliar pessoas e sistemas
13	Ser capaz de realizar algo incomum, com determinação, consciência coletiva e paixão pelo que faz, colocando emoção e energia nos projetos
14	Influenciar governos na elaboração de políticas públicas relacionadas com os grandes temas da sustentabilidade, como, por exemplo, gestão de resíduos e fontes de energia renováveis
15	Conversar com todos os atores envolvidos na cadeia produtiva, prestando atenção ao quanto os elos são construídos sobre práticas que fortalecem o *triple bottom line*
16	Ensinar os liderados a correr riscos e a lidar com os antagonismos de modo humilde e propositivo
17	Criar ambiente favorável e estimulante para que a sustentabilidade seja um tema transversal de inovação
18	Ter mais autoridade que poder, mais aspiração que ambição; sua palavra precisa ter força moral
19	Ter modéstia em relação aos seus feitos, serenidade, forte vontade profissional combinada com humildade pessoal

Valores

1	Interesse e respeito pelo ser humano; só quem respeita o ser humano pode respeitar o planeta
2	Amor ao próximo
3	Elevado senso de justiça e ética
4	Apego à ideia da liberdade
5	Respeito e valorização da diversidade
6	Perseverança
7	Integridade
8	Solidariedade e altruísmo
9	Amor ao belo
10	Fé no futuro
11	Senso de responsabilidade em relação aos impactos gerados pelos negócios às partes interessadas
12	Consciência de que empresas são agentes de desenvolvimento e que os melhores empreendimentos são os que conseguem combinar interesse da empresa com os da sociedade e do planeta

2

Conversas com líderes sustentáveis

Guilherme Peirão Leal

LIDERANÇA COM EROS À FLOR DA PELE

> O SER HUMANO NÃO FOI CRIADO PARA SI MESMO, MAS PARA SUA PÁTRIA E TODA A HUMANIDADE [...] QUANDO NOS EMPENHAMOS PARA O BEM DO OUTRO, PROMOVEMOS O NOSSO TAMBÉM.
>
> Platão, *A república*.

Se, como diz o psicólogo norte-americano Edgar Schein, criador da expressão "cultura corporativa", a cultura de uma empresa é o equivalente ao caráter de um indivíduo, o caráter da Natura, fundado no conceito da sustentabilidade, foi posto à prova bem cedo, em 1991, quando a organização mal completara seu segundo ano de vida.

Oficialmente, a Natura nasceu em 1969, com a abertura de um pequeno laboratório de formulações naturais e uma lojinha na rua Oscar Freire, em São Paulo, literalmente no fundo de um quintal onde o autodidata Luiz Seabra dava consultas a suas clientes. Mas a fusão das quatro empresas que deu origem à companhia de hoje ocorreu, de fato, em 1989. Seus novos sócios – Seabra, Guilherme Peirão Leal e Pedro Passos – ainda discutiam o melhor modelo de negócio, quando o destino resolveu checar a força de suas crenças na construção de uma empresa cidadã, que se pretendia ética até a raiz dos cabelos, comprometida com o desenvolvimento do país e a serviço da melhoria das relações humanas.

Colocada no divã, em meio a um processo de reflexão do tipo "o que queremos ser quando crescer", e exatamente um mês após ter divulgado aos colaboradores um código de conduta contendo um credo detalhado de compromissos e práticas, ocorreu um acidente fatal na fábrica de Itapecerica da Serra (SP). Duro golpe para uma empresa que ressaltava o humano em seu discurso. Ao limpar uma máquina, uma funcionária de limpeza terceirizada sofreu um choque elétrico, teve uma parada cardíaca e morreu. Comoção geral.

Como é praxe nesses casos, a despeito da inexistência de dolo, o processo judicial era líquido e certo, assim como a responsabilização dos gestores da fábrica. Mais do que depressa, a direção colocou-se ao lado de seus líderes. E contratou os melhores advogados para garantir sua defesa. Deles recebeu logo de cara um conselho ortodoxo, culturalmente tolerável no Brasil: eliminar o inquérito na fase de perícia, pelo caminho mais curto. Recorrendo ao expediente da propina, a companhia e seus funcionários seriam poupados de um processo previsivelmente lento e desgastante.

Na empresa, houve até quem considerasse o conselho sensato. Mas os presidentes fundadores decidiram recusá-lo solenemente. Escolheram o caminho legal, mais longo, com todos os seus espinhos, dores e custos. Tinham uma razão filosófica. "Havíamos acabado de lançar nosso discurso ético, de modo firme e intransigente. E um dos seus pontos era exatamente o respeito rigoroso às leis. Na verdade, nós nos propúnhamos a fazer uma contribuição superior ao que nos obrigavam as leis. Era um texto claro. Qualquer fraqueza naquele momento colocaria em risco a cultura que estávamos querendo desenvolver na empresa", conta Guilherme Peirão Leal.

Em sua análise, intensa – como sugere ser Leal em suas posições –, a Natura não seria a empresa que é se houvesse titubeado no episódio. Nem teria escrito uma das histórias mais singulares de crescimento empresarial fundado em valores.

Mais do que vender xampu, sabonete e perfume

Para compreender como a sustentabilidade forneceu as bases para a construção da identidade da Natura, é preciso, segundo Leal, entender como e em que

contexto a empresa foi criada. A história da companhia é, a rigor, a soma das histórias das empresas que lhe deram origem, bem como a sinergia de valores entre os seus líderes. "Essas empresas tinham crescido muito na década de 1980. Mas ainda eram pequenas. Podiam ter desaparecido ou sido vendidas quando o Brasil se globalizou no início dos anos 1990. Em vez disso, elas decidiram se fortalecer, reuniram suas afinidades em torno de uma identidade única e sólida, baseada na convicção filosófica de dar ao país uma empresa sustentável, socialmente comprometida, capaz de conceber a vida como uma cadeia de relações e de materializar conceitos como o de interdependência", explica Leal.

Na virada da década de 1980 para a década de 1990, não poderia haver terreno mais propício para lançar a semente de um projeto como esse. O Brasil iniciava um processo vigoroso de reconstrução de sua democracia, as eleições diretas para presidente estavam na pauta, a ainda fresca Constituição de 1988 inspirava a participação cidadã – represada por duas décadas de ditadura militar – e a sociedade civil começava a se articular em torno do emergente terceiro setor.

No campo empresarial, organizações mais progressistas, como o Pensamento Nacional das Bases Empresariais (PNBE),[1] ganhavam terreno, pregando uma ação mais efetiva das empresas na vida nacional. Incomodava a um grupo de empresários menos conservadores a prosperidade de poucos privilegiados em um país de muitos miseráveis.

Havia um desejo pulsante, entre as corporações, de ampliar sua participação no processo de desenvolvimento do Brasil, investindo recursos próprios na busca de soluções para algumas de suas mazelas históricas, como a não universalização do ensino público, as altas taxas de mortalidade infantil e a violência. Antenada com os sinais emitidos pelo Brasil, que engatinhava rumo a um outro estágio civilizatório, a Natura queria ser – na avaliação de Leal – "muito mais

---

[1] Nascido de uma dissidência da Federação das Indústrias do Estado de São Paulo (Fiesp), o PNBE é hoje uma entidade não governamental de âmbito nacional, formada por empresários de todos os ramos de atividade econômica e regiões do país. O PNBE tem como missão lutar pelo aprofundamento da democracia nas diversas instâncias da nação – governos da União, estados e municípios, juntamente com entidades da sociedade civil – e pelo amplo exercício dos direitos da cidadania no Brasil.

do que compradora e processadora de insumos", mera fabricante de produtos cosméticos. Desejava promover *advocacy*, isto é, defender causas de interesse público.

A empresa de Leal, Seabra e Passos se enxergava como um ator social relevante, pluridimensional, capaz de influenciar e se deixar influenciar pela nova pulsão social, abrindo possibilidades inteiramente novas de diálogo e engajamento. Vender sabonete, xampu e perfume era parte do negócio da Natura, e não a sua única finalidade. Pelo menos na visão de quem interessava, isto é, dos sócios fundadores.

Sustentabilidade e *anima* corporativa.
Mais para Capra do que para Friedman

Do ponto de vista prático, como a Natura deixava de ser um aglomerado de empresas miúdas para se tornar uma corporação, impunha-se o desafio de organizar uma cultura forte, definir um norte cristalino e comunicar os seus valores com objetividade, a fim de conectar colaboradores, fornecedores e clientes.

À época, o termo "sustentabilidade" não era usual para designar esse tipo de compromisso – falava-se, quando muito, em "responsabilidade social-empresarial" –, mas as ideias nele contidas, tal como hoje se conhece, já energizavam a Natura. Não como um tema acessório. Mas como elementos construtores do seu próprio sentido de vida empresarial, estruturas-chave de uma espécie de *anima* corporativa que, na essência, se contrapunha a uma visão até então dominante, e da qual Milton Friedman[2] foi um eloquente porta-voz com sua célebre frase: "O negócio de uma empresa é o seu negócio. O resto é bobagem".

---

[2] Prêmio Nobel de Economia de 1976, o norte-americano Milton Friedman (1912-2006) foi um dos mais destacados economistas do século XX. Influente teórico do liberalismo econômico, defendeu o capitalismo *laissez-faire* e o livre mercado.

Tudo leva a crer que Leal estivesse mais interessado nas ideias do físico Fritjof Capra[3] do que nas teses liberais e monetaristas de Friedman, expoente da hoje não tão cultuada escola de Chicago.[4] "A sustentabilidade evoca um pouco as questões biocêntrica e antropocêntrica. O ser humano não sobrevive sem a teia da vida de uma maneira mais ampla", diz Leal, resvalando involuntariamente em uma imagem do universo metafórico criado por Capra em *A teia da vida* (1996). "Quando nos referimos à sustentabilidade, estamos falando em como preservar essa teia da vida da qual todos fazemos parte, em como cada um de nós se integra no esforço de mantê-la viva e forte. Sustentabilidade tem a ver com a forma como celebramos nossa passagem por aqui, de modo que o conjunto continue navegando com o tempo. Tem a ver com os nossos comportamentos mais simples e básicos, como morar, trabalhar, cuidar dos filhos, relacionar-se com os amigos, deslocar-se, e, é claro, conduzir nossos negócios. Mas também com o mais profundo sentido da vida", afirma.

Para Leal, a Natura é fruto de crenças que "nunca foram extraídas de manual", muito menos "dadas de mão beijada", como num passe de mágica, pela simples justaposição das crenças individuais dos "três fundadores que, por acaso, se encontraram um dia". Pelo contrário, admite Leal, "fomos formando a Natura e ela foi nos formando. Vejo isso muito claramente com os conceitos de interdependência e diversidade que estão na base de nossa identidade. Não nascemos interdependentes na medida em que representávamos negócios de natureza distintas. Mas, como não tínhamos dinheiro para a empreitada comum, a noção de interdependência foi o que nos viabilizou. A vivência empresarial, muitas vezes sofrida, nos ensinou a importância desse conceito. O mesmo ocorreu com a diversidade. Aprendemos que as nossas diferenças eram e são a nossa grande riqueza".

---

[3] O austríaco Fritjof Capra (1939) é um físico teórico e escritor dedicado à promoção da educação ecológica. Capra tornou-se mundialmente conhecido com o lançamento de seu primeiro livro, *O Tao da física* (1983; ed. ingl.: 1975), traduzido para vários idiomas. Outro livro de sua autoria, *O ponto de mutação* (1982), transformou-se em referência do pensamento sistêmico.

[4] A escola da Chicago surgiu nos Estados Unidos na década de 1910 por iniciativa de professores do departamento de sociologia da University of Chicago. Teve papel importante ao abordar a questão da desorganização social e a ecologia criminal, estudando os fenômenos sociais que ocorriam na área urbana das metrópoles. Na economia, representa uma corrente que defende o livre mercado.

Vocação para o ativismo social

Na função de "abridor de portas", para a qual se considera especialmente vocacionado, Leal foi, por oito anos, presidente da Associação Brasileira de Venda Direta. Movido pelo que chama de "fantasma psicanalítico", quase nietzschiano, que o obriga a ser coerente consigo mesmo, participou ativamente da fundação do Pensamento Nacional das Bases Empresariais, um celeiro de formação de novas lideranças do empresariado brasileiro. Com o amigo Oded Grajew criou, em 1998, o Instituto Ethos de Empresas e Responsabilidade Social. Foi presidente do Conselho Deliberativo da Fundação Abrinq,[5] conselheiro do Instituto de Estudos para o Desenvolvimento Industrial (Iedi)[6] e membro do Conselho Empresarial da América Latina (Ceal).[7]

Há oito anos na presidência do Conselho Deliberativo do Fundo Brasileiro para a Biodiversidade (Funbio),[8] também pertenceu ao Conselho Consultivo da WWF-Brasil[9] e ajudou a fundar o Instituto Akatu pelo Consumo Consciente.[10] Em todos esses papéis, pôs o coração na ponta da chuteira. Antes de chegar às questões ambientais, no entanto, começou pelas sociais.

O pendor para os movimentos sociais, Leal não sabe precisar a origem, nem buscando socorro nos primeiros anos de sua criação. Caçula de quatro irmãos,

---

5   A Fundação Abrinq pelos Direitos da Criança é uma organização sem fins lucrativos que nasceu em 1990 com a missão de defender os direitos da criança e do adolescente por meio da mobilização social, e gerar, assim, uma mudança na sociedade brasileira.

6   O Iedi é uma instituição não governamental, fundada em 1989 com o objetivo de estudar as questões da indústria e do desenvolvimento nacional. Reúne 44 empresários que representam grandes empresas nacionais.

7   O Ceal é uma rede de empresários latino-americanos cuja missão é estimular o envolvimento de seus membros no intercâmbio e na cooperação entre os países da região. Nasceu em 1989, como resposta às tendências de globalização da economia mundial e de desenvolvimento de uma nova estrutura de blocos político-econômicos.

8   Criado em 1996, o Funbio é uma associação sem fins lucrativos que trabalha para conservar a diversidade biológica do país.

9   Fundado em 1996, o WWF-Brasil é a seção brasileira do World Wildlife Fund, ou Fundo Mundial para a Natureza, ONG dedicada à conservação da natureza. Tem como propósito harmonizar a atividade humana com a conservação da biodiversidade, bem como promover a utilização racional dos recursos naturais em prol dos cidadãos de hoje e das gerações futuras.

10 O Instituto Akatu é uma organização sem fins lucrativos, com sede em São Paulo, criada com a missão de "mobilizar as pessoas para o uso do poder transformador dos seus atos de consumo consciente como instrumento de construção da sustentabilidade da vida no planeta."

filho de um funcionário público de classe média de Santos (SP) que pôde lhe dar "boa educação", o atual copresidente do Conselho de Administração da Natura começou a trabalhar bem cedo, aos 17 anos, para ingressar na universidade pública. Como não podia deixar o batente, teve de abrir mão do sonho de cursar engenharia, como fizeram os irmãos, na Escola Politécnica da Universidade de São Paulo. No auge da ditadura, no início dos anos 1970, leu escondido o Manifesto comunista, casou cedo, teve filhos. E, no esforço de cuidar da sobrevivência, por absoluta falta de tempo, namorou platonicamente a ideia de se engajar em ações sociais quando tivesse tempo e oportunidade.

Na vida adulta, teve de aprender a lidar com a insondável dor da perda pela morte do pai e de dois irmãos em circunstâncias trágicas. Depois de passar por algumas instituições financeiras, Leal acabou trabalhando na Ferrovia Paulista S. A. (Fepasa), empresa pública na qual, por algum momento, idealista incorrigível, imaginou que poderia revolucionar o sistema de trens do país.

Lá, conheceu Pedro Passos, que mais tarde seria seu parceiro na Natura. Com ele criou um forte vínculo de cumplicidade, baseado em crenças comuns. "Trabalhávamos loucamente na Fepasa, de uma maneira dedicadíssima. Mas logo chegamos à conclusão de que naquela organização a gente pouco ia ajudar o país, por mais que nos esforçássemos", diverte-se.

Com o dinheiro raspado do fundo de garantia pela demissão imposta na Fepasa mais o valor da venda de um pequeno terreno, Leal investiu suas economias na ampliação de uma pequena fábrica de cosméticos. Nem sequer passava pela sua cabeça que ela viria a ter o tamanho, a influência e a importância que a Natura tem hoje.

O ambiental veio depois do social, com muita força

Segundo Guilherme Leal, percorrendo a mesma trilha da maioria das empresas que ingressaram para valer na discussão da responsabilidade social, as preocupações de natureza social deram o tom à cultura de ativismo da Natura. Afinal, como já se disse, pulsava na empresa um forte desejo de contribuir para a redução das desigualdades sociais. A dimensão ambiental acompanhava a empresa desde o tempo em que Luiz Seabra formulava produtos naturais e vegetais no laboratório da rua Oscar Freire. E estava presente, de alguma forma, em sua missão.

Mas a Natura ainda não se sentia preparada para construí-la efetivamente até o dia em que Leal, Passos e Seabra receberam Robert Dunn[11] em seu escritório no bairro paulistano de Santo Amaro. Isso aconteceu em 1998. Naquele ano – vale lembrar – a Natura foi eleita pela revista *Exame* como a "empresa do ano", glória ambicionada por dez entre dez corporações brasileiras, algo como um Oscar empresarial no país.

Precursor do movimento de responsabilidade social no mundo, Dunn resolvera fazer uma visita à Natura, logo após ter participado da cerimônia de lançamento do Instituto Ethos no Brasil. No meio de uma amistosa conversa, perguntou, prestativo, em que – e se – ele poderia ajudar a empresa. "Quer saber? A nossa maior dificuldade é a questão ambiental. Há dez anos, temos uma visão clara do que gostaríamos de ser. Mas não nos sentimos confortáveis em relação a como transformar nossos desejos em uma missão ambiental", confessou Leal à época.

Com a ajuda de Dunn, iniciou-se um processo "embrionário, torto, difícil, mas interessante" de redação da primeira política ambiental, com todas as definições e diretrizes que ainda hoje orientam a companhia. Seguiu-se um esforço de planejamento estratégico para pensar, no longo prazo, questões como investimento em pesquisa e desenvolvimento e posicionamento de marca em um cenário muito competitivo, caracterizado pela existência de poderosos competidores mundiais. "Pensávamos se seríamos capazes de desenvolver as nossas moléculas em uma época marcada pela confluência da indústria farmacêutica com a indústria cosmética. A L'Oréal investia 300 milhões de dólares por ano e a Natura, 10 milhões de dólares. Sobreviveríamos nesse contexto? Se sim,

---

[11] O norte-americano Robert Dunn é um dos pioneiros do movimento mundial de responsabilidade social empresarial. Em 1992, Dunn criou a Business for Social Responsability, rede global de empresas associadas que desenvolve estratégias de negócios sustentáveis, e que influenciou muito o Instituto Ethos no Brasil. Desde 2006, preside o Synergos Institute, entidade com sede em Nova York, dedicada à articulação intersetorial para a busca de soluções sustentáveis e locais a fim de reduzir a pobreza no mundo.

como? Eram perguntas que nos fazíamos à procura de respostas difíceis para a competição dos dez anos seguintes. Foi quando decidimos estrategicamente que, em vez de copiar as grandes companhias do setor, seríamos nós mesmos. Isto é, uma empresa brasileira, sediada numa potência global de biodiversidade, respeitosa para com o meio ambiente, preocupada com a sustentabilidade. Se fizéssemos a coisa como manda o figurino, de forma consistente, não haveria como ser copiada. Nem seria necessário dispor de patente", conta Leal.

No ano 2000, como parte da estratégia de criação de uma plataforma de uso sustentável da biodiversidade, nasceu a linha Ekos, hoje um dos maiores sucessos de venda da companhia.

Liderar com valores faz toda diferença

Provocado sobre que capacidades precisa reunir um líder em sustentabilidade, Leal se mostra à vontade, dando a impressão de que já considerou esse tema em reflexões e conversas com os sócios e amigos.

Modesto, faz questão de adiantar, no entanto, que sua visão sobre o assunto não é a de um intelectual compenetrado – "tenho uma relação afetiva com os livros, apesar da enorme dificuldade de citá-los" –, mas de um líder que gosta de pensar livremente sobre a importância dos valores na atividade de liderar.

Para o copresidente do Conselho da Natura, o líder sustentável precisa, antes de mais nada, ter o bom senso de compreender a interdependência entre os sistemas econômico, social e ambiental: "Cuidar do outro e do planeta é cuidar de si próprio. Cuidar da comunidade onde se vive é cuidar de si próprio. Não adianta, portanto, querer cuidar apenas de si, de sua família ou de sua empresa. Não há o fora e o dentro. Estamos tudo e todos interligados. Dependemos uns dos outros e do sistema natural que garante a nossa vida. O líder destes tempos deve ter a sensibilidade de perceber o essencial. Isso significa liderar com valores".

Flexibilidade é, na visão de Leal, uma característica igualmente importante para o líder desses novos tempos, tanto mais porque as realidades são desconfortavelmente dinâmicas e os saberes associados à sustentabilidade, complexos e mutáveis: "O que hoje se acredita, por exemplo, ser a melhor solução tecnológica para impactar menos o futuro, amanhã pode ruir diante de novas informações científicas, antes desconhecidas ou não previstas. O conhecimento está em permanente construção. Isso exige enorme capacidade para se reinventar. Como o alvo é móvel, faz-se necessário construir a competência de aprender a aprender".

Aprende melhor, segundo Leal, quem se relaciona mais com diferentes agentes da sociedade. Por essa razão, ele considera fundamental atuar em rede: "Uma relação se cultiva, cotidianamente, partilhando valores, respeitando, entendendo e valorizando o outro. Quando se está conectado em rede, aprende-se melhor a antecipar cenários, a compreender as tendências e os seus desdobramentos, como as realidades se constroem e se transformam. Com isso, o líder sabe melhor o que precisa fazer para também se reconstruir a cada momento. Aberto às relações, ele entende mais amplamente os impactos sociais e ambientais de seu negócio. Melhora sua capacidade de fazer permanentes releituras e reconstruções sistemáticas".

É possível aprender na escola a ser um líder sustentável? Leal acha que sim. Tanto acredita nisso que, em parceria com o Instituto de Pesquisas Ecológicas (IPÊ), do amigo Cláudio Pádua,[12] resolveu empregar recursos do próprio bolso na criação da Escola de Conservação Ambiental e Sustentabilidade (Escas), com o objetivo de formar lideranças em sustentabilidade. Também, com ativos de seu patrimônio pessoal, fundou o Instituto Arapyaú[13] para trabalhar com educação e desenvolvimento sustentável.

Educar para valores – crê – exigirá uma revisão profunda do modelo hoje disseminado nas escolas de negócios, ainda muito cartesiano, tecnicista e excessivamente focado na especialização. "Não há um modelo mágico. Teremos de aprender desse jeito difícil de aprender que está aí. No entanto, se acharmos

---

[12] O biólogo Cláudio Pádua é um dos mais importantes ecologistas brasileiros. Com a mulher, Suzana Pádua, criou o IPÊ, a terceira maior ONG ambiental do país. Foi o vencedor do Prêmio Empreendedor Social da Fundação Schwabb em 2009.

[13] O Instituto Arapyaú nasceu em 2008, com a missão de contribuir para a articulação e disseminação de uma nova visão de Brasil, baseada em princípios e práticas de desenvolvimento sustentável. Atua no apoio à formação de redes de conhecimento.

que, de alguma forma, não somos capazes de criar modelos mais criativos, mais instigantes e mais permissivos aos valores da sustentabilidade, então teremos de aceitar de bom grado o fracasso das escolas na formação dos novos líderes", aposta Leal.

Empresa com Eros para além da epiderme

Indagado sobre quanto o fator sustentabilidade contribuiu para o sucesso do negócio da Natura, Leal lhe atribui um peso muito relevante. Embora não se arrisque a estabelecer uma medida, ele nunca teve dúvida de que a empresa chegou aonde chegou por causa dos seus compromissos éticos e socioambientais, até porque os considera absolutamente indissociáveis da trajetória da companhia.

Manteve a crença, firme e forte, mesmo quando, em 2004 – logo após a abertura do capital da Natura na Bolsa de Valores de São Paulo (Bovespa) e a consequente contestação do seu desempenho, feita por analistas de mercado –, houve quem afirmasse, maldosamente, que a companhia dedicava mais atenção às questões de sustentabilidade do que aos resultados financeiros trimestrais, realçando o falso dilema da oposição entre as dimensões econômica e socioambiental. "Sem querer pintar o céu de cor-de-rosa, acho que o êxito da Natura se deve, sim, à sua cultura e aos seus valores bem expressos no conceito 'Bem estar bem'. Não me refiro apenas ao credo social, político e ambiental, mas a uma visão de mundo perfeitamente integrada ao negócio, que propaga a interação dos seus produtos com o indivíduo, marcada por uma relação de comunicação profunda e verdadeira", ressalta Leal.

Usando o tom filosófico que caracteriza o discurso da Natura, para dentro e para fora, Leal acredita que empresas diferentes são as que têm "Eros à flor da pele", e emenda: "Elas deixam o mundo melhor". Para ele, apenas Eros (o deus grego do amor, filho de Caos e marido de Psiquê) não muda o mundo. Estado e política, ciência e tecnologia são fundamentais, mas – reflete Leal – "sem Eros, ou poesia, não há como fazer a mudança. O sucesso da Natura decorre de um círculo virtuoso alimentado por sua proposição de valor diferenciado. Algo que nasceu do seu jeito de ser, do modo de formular seus produtos, do relacionamento com clientes, comunidades e colaboradores, do ativismo social, do respeito à biodiversidade brasileira, do apoio aos grandes movimentos do país, do espírito democrático e de sua visão de mundo aberta. Somos produtos disso tudo". Esse "disso tudo" está na marca Natura e equivale, no jargão de negócios, à concepção mais atual de ativo intangível – fonte básica de valor econômico para qualquer companhia.

Não por acaso, a despeito do que Guilherme Leal classifica como "imperfeições comuns a um adolescente", a Natura transformou-se em ícone global de empresa contemporânea, estudo de caso em Harvard, objeto de análise de especialistas mundiais em governança, ética e sustentabilidade. Ao contrário da Body Shop – outra empresa do segmento igualmente emblemática, que, como vimos, na década de 1980 apostou vigorosamente no compromisso com as causas socioambientais como identidade de marca –, a Natura tem conseguido equilibrar ciência, tecnologia e conhecimento tradicional, sem se descuidar dos fundamentos empresariais, que, afinal de contas, definem o sucesso.

Exatamente como a empresa criada por Anita Roddick – segundo Leal, uma fonte de inspiração – e hoje propriedade da L'Oréal, a Natura está lidando com o desafio de crescer sem deixar um sistema mais complexo de gestão engolir seus valores essenciais. Analistas do setor aventam a hipótese de que ela venha a ser, no futuro, a maior empresa de cosméticos do planeta, o que seria a prova definitiva de que, em negócios, valores geram valor. Ou, como sugere Gary Hamel,[14] o sucesso é sempre produto dos valores e da paixão por eles.

No pico da pirâmide de Maslov. E agora?

De acordo com a revista *Forbes*, Leal é hoje o 463º homem mais rico do mundo e o 13º do Brasil, com uma fortuna pessoal avaliada em 2,1 bilhões de dólares.

---

[14]   O norte-americando Gary Hamel (1954) é um dos mais importantes especialistas em gestão do mundo. Com C. K. Prahalad, criou o conceito de competências essenciais. É professor de gestão estratégica da London Business School. Foi professor visitante da University of Michigan e da Harvard Business School.

Não resisto a brincar com o fundador da Natura, referindo-me ao fato de que ele já passou da faixa superior para a ponta do cume da pirâmide de necessidades de Maslov, quando ter mais ou menos dinheiro não serve mais para medir o nível de satisfação e felicidade. Pergunto-lhe com o que ainda sonha e o que deseja fazer nos "próximos quarenta anos de vida". Eis sua bem-humorada resposta: "Continuo muito inquieto. Os desafios da crise socioambiental que estamos vivendo são enormes, e exigem o melhor de nossa criatividade e de nosso potencial de construção de soluções. Como não tenho nada mais divertido para fazer [risos], não quero ficar planejando catástrofe nem fingindo que não sei o que está ocorrendo no planeta. O meu sonho é continuar fortemente envolvido, na ação, mostrando que dá para fazer muita coisa legal. E não é só restrição, não. Há muita coisa prazerosa para fazer na direção de mudar o mundo".

Prossegue, em tom confessional, "Tenho um filho que, entre outras coisas, é músico. Ele atende alguns alunos que são pessoas deficientes. Conversamos muito sobre nossos projetos. E, em nossos bate-papos, ele às vezes parece querer se desculpar, como se ensinar música não fosse um projeto suficientemente à altura dos meus megaprojetos. Penso o contrário. Acho muito relevante imaginar um mundo no qual a música tenha mais espaço. Um mundo em que o consumismo efêmero de bens produzidos à custa do desgaste dos recursos da Terra, com desperdício de energia, emissões de carbono e geração de resíduos, energia, deixe de ser a regra, abrindo espaço para outros tipos de sentidos e prazeres, como, por exemplo, ouvir uma boa música, ver uma bela obra de arte, ler um bom livro. Você quer um projeto mais importante do que esse? Perto disso, os meus são muito pequenos".

Pequenos? Nem tanto. Em um de seus mais recentes "projetos", Leal – que teve sua candidatura a vice-presidente da República oficializada pelo Partido Verde em 16 de maio de 2010 – enfrentou uma dura campanha ao lado da senadora Marina Silva e, no dia 3 de outubro do mesmo ano, comemorou surpreendentes 19.636.359 votos recebidos pela chapa, resultado que assegurou o segundo turno do pleito e inseriu, de vez, o tema da sustentabilidade na agenda política nacional. Tudo isso, com Eros à flor da pele.

Guilherme Peirão Leal

Insights	O sucesso da Natura é produto de sua proposição de valor diferenciado – do seu jeito de ser, do modo de formular produtos, do relacionamento com as partes interessadas, do respeito à biodiversidade brasileira, do apoio aos grandes movimentos do país, do espírito democrático e de sua visão de mundo
Ideias-chave	O conhecimento em sustentabilidade está em permanente construção, o que exige grande capacidade para se reinventar. Como o alvo é móvel, deve-se construir a competência de aprender a aprender
	Quem atua em rede entende melhor os impactos sociais e ambientais de seu negócio, melhora sua capacidade de fazer permanentes releituras e reconstruções sistemáticas
	"Cuidar do outro, da comunidade e do planeta é cuidar de si próprio. Não há o fora e o dentro. Estamos tudo e todos interligados"
Desafios	Organizar uma cultura forte, baseada nos princípios de sustentabilidade, especialmente os de interdependência e diversidade
	Diante da abertura do capital da companhia na Bovespa em 2004, crescer sem deixar um sistema mais complexo de gestão engolir seus valores essenciais
Obstáculos	Sobreviver e crescer num mercado caracterizado pela presença de competidores globais com forte capacidade de investimento em pesquisa e desenvolvimento de moléculas
Estratégias	Em vez de copiar as grandes, a Natura decidiu ser ela mesma: uma empresa brasileira, fundada no conceito inspirador do "Bem estar bem", respeitosa em relação ao uso sustentável da sociobiodiversidade, com valores e crenças de sustentabilidade
Momentos marcantes	Acidente fatal com uma funcionária da fábrica de Itapecerica da Serra (SP) em 1991, quando a empresa acabava de lançar um código de conduta
	Abertura do capital da companhia na Bovespa em 2004
Perfil do líder em sustentabilidade	Compreensão da interdependência entre os sistemas econômico, social e ambiental
	Sensibilidade para perceber o essencial
	Valores firmes e sólidos
	Flexibilidade para lidar com realidades dinâmicas, complexas e mutáveis
	Saber atuar em rede

Natura, a pioneira: algumas histórias para contar

DONA ILKA E A CAIXA DE CHÁS

A Natura é uma empresa de histórias marcantes. Histórias que ajudam a explicar o seu caráter, a sua visão de mundo e o seu jeito de fazer negócios. Tão emblemático quanto o caso da morte da funcionária, contado por Leal para ilustrar a têmpera em que se forjou a alma da empresa, foi o do caixa de chás. É um episódio de fundo ético sobre como se comportar diante de um erro, ainda que involuntário.

Quem o conta é Rodolfo Gutilla, diretor de Assuntos Corporativos e Relações Governamentais da Natura. O fato ocorreu no início dos anos 2000, pouco tempo depois de alguns seguidores de Nostradamus terem percebido que o mundo não acabara com a virada do século. Para lançar uma linha de chás, que integrava uma série mais ampla de suplementos nutricionais e alimentos funcionais, a Natura escolheu a data do Dia das Mães, com claro e conhecido apelo comercial.

A promoção tinha a elegância e o charme que caracterizam as ações da companhia: uma bela caixa de madeira, com tampo de vidro, deixava à mostra uma atraente fileira de envelopes coloridos de chá. O presente, na verdade, eram dois: os sachês de chá e o recipiente, que, por ter vida útil longa, é o tipo de mimo que nenhuma mãe esquece. Sucesso garantido.

Tudo caminhava conforme o *script*, até que a Natura foi questionada por uma consumidora querendo informações sobre o tipo de madeira utilizada no *kit* promocional. A embalagem era de imbuia, nome tupi para *Ocotea porosa*, uma bela árvore da família das lauráceas, sabidamente em extinção. "A consumidora, dona Ilka, estava chocada. Bióloga por formação e compradora de longa data dos produtos da empresa, sentia-se especialmente incomodada com o fato de uma companhia com os valores da Natura utilizar um recurso natural escasso em promoção comercial. Soava-lhe contraditório. Ela tinha razão. Perguntou-nos se, pelo menos, a madeira era certificada. Aquilo nos mobilizou de tal forma que o presidente, o vice-presidente de inovação, o gerente de produtos, o gerente de assuntos corporativos e suas equipes da época passaram horas, dias e meses discutindo não apenas o processo de auditoria, mas principalmente uma ação reparatória à altura do ocorrido", lembra Gutilla.

O episódio entrou para o folclore da Natura. Tivesse ocorrido em uma corporação menos preocupada com as questões de sustentabilidade, muito provavelmente, dona Ilka esperaria ainda hoje, sentada, por uma resposta à sua queixa. Segundo Gutilla, a bióloga sustentara, desde o primeiro momento, uma posição firme: só voltaria a comprar produtos da empresa no dia em que recebesse da Natura uma resposta convincente.

"Recorremos à Imaflora, que é agente de certificação, para que checasse a procedência da madeira junto ao fornecedor. O lote era certificado. Todavia, não sabíamos se a madeira usada na embalagem da dona Ilka tinha saído desse lote. Então, à falta de provas concretas, consideramos o erro um fato consumado e nos decidimos por uma ação reparatória exemplar: todo o lucro da venda das caixas de chá seria destinado a iniciativas de preservação de matas nativas. Assim, fizemos uma consulta interna para fechar alguns projetos e fomos a veículos de comunicação contar a história para identificar potenciais beneficiários dos recursos. Dois projetos foram contemplados, um da Escola Superior de Agricultura Luiz de Queiroz (Esalq) e outro da serra do Japi. Para a Natura, o caso proporcionou uma ampla revisão de toda a cadeia de suprimentos. "Passamos a ser muito mais cuidadosos", conta.

A reparação poderia ter se encerrado nesse ato. E a natureza certamente já se sentiria devidamente ressarcida. Mas a empresa não se satisfez. Criou um ritual que, muito embora em sua essência lembre a louvação aos mortos de guerra, tem um sentido de celebração da vida. Num ponto específico, e bastante visível, dos campos verdes que margeiam a ecológica sede da Natura em Cajamar (SP), dona Ilka plantou uma muda de imbuia – homenagem simbólica à sua determinação, e também marco do erro cometido pela empresa. A árvore cresce lá, vigorosa, à vista de todos, em memória das primas sacrificadas às caixas de chá. "Ela faz com que nos lembremos do escorregão todos os dias. E nos alerta para que evitemos outros", declara Gutilla.

COM GOSTO DE PITANGA DA ÉPOCA

Uma segunda história diz muito sobre a reverência da Natura ao princípio de interdependência, base filosófica de sua visão de mundo, origem dos seus fundamentos de sustentabilidade. Foi no lançamento de uma linha de produtos formulados a partir da pitanga, aquela deliciosa fruta vermelha, amarela ou preta, de gosto peculiaríssimo, tão tipicamente brasileira, como o samba, a Amazônia e o carnaval. É Gutilla, mais uma vez, quem narra o episódio: "A fruta que usávamos não vinha de atividade extrativista, mas de cultura. Escolhemos um fornecedor com um pitangal orgânico. Então, lançamos uma linha especial, baseada em água de colônia com óleo de pitanga. A nossa projeção de vendas estourou nas primeiras semanas. O produto acabou, foi um sucesso enorme. Como a extração do óleo é feita a partir da folha, há um momento certo para realizá-la sem comprometer a saúde da pitangueira. Isso exigiu da empresa uma comunicação honesta e transparente com o canal de vendas, já que as consultoras queriam mais produtos, e rapidamente. Ao contar a história do ciclo de renovação, o processo acabou sendo muito educativo. Todo mundo passou a perceber o óbvio: que tudo é interdependente, nada existe por si só".

Foi depois desse episódio, aliás, que a Natura começou a lançar produtos com o chamado "apelo das safras", destacando, em suas campanhas de comunicação ao consumidor, informações como "tempo da castanha" ou "tempo do cupuaçu". "É o nosso respeito aos ciclos", define Gutilla. Num futuro breve – acredita ele –, os consumidores pagarão *premium price* por produtos clássicos, baseados no conceito *vintage*, que respeitam o frescor e a vitalidade das safras.

LUIZ, GUILHERME E PEDRO, CARÁTER EM AÇÃO

Não demorou muito para que os fundadores da Natura surgissem naturalmente ao longo da conversa com Gutilla. No desafio de resgatar as histórias que evocam o caráter sustentável da Natura, ele lembrou um caso que, numa empresa tradicional, provocaria engulhos no executivo de varejo mais ortodoxo: "Isso foi há uns nove ou dez anos. Havia um tabu no mercado de venda direta segundo o qual não se deve contar a uma vendedora que haverá aumento de preços dos produtos. Porque, ao fazer isso, ela deixa de comprar. Luiz, Guilherme e Pedro resolveram fazer exatamente o contrário. Por uma questão de respeito. Se uma consultora desavisada ou uma compradora estocam produtos, elas vão perder dinheiro. Dados demonstram que quase 30% das revendedoras compram produtos cosméticos para uso próprio ou da família. Então, eles tomaram a decisão de que, a partir daquele momento, iríamos comunicar o aumento do preço e/ou descontinuar um produto ou uma linha. Isso é coisa que o varejo tradicional não faz. É produto da crença numa relação ética e transparente com o consumidor".

Hoje, a Natura tem 1,3 milhão de consultoras espalhadas por todo o país. É uma legião de pregadoras dos valores da empresa.

Se, como diz Warren Bennis, "liderança é caráter em ação", a Natura tem exercido a sua em sustentabilidade agindo sempre à frente de seu tempo – ou pelo menos das demais empresas – sob a orientação de um "caráter" moldado por valores sólidos, discorde-se deles ou não.

Natura, a primeira empresa a …

Os eventos relacionados ao pioneirismo da companhia emergem a cada minuto da entrevista com o diretor de Assuntos Corporativos da Natura. De fato, foi a primeira empresa de bens de consumo não duráveis no Brasil a: implantar o refil; apresentar um rótulo ambiental no verso dos produtos; adotar os Indicadores Ethos de Responsabilidade Social; estimular, na venda de um produto, a mãe a fazer massagem no bebê; remunerar comunidades pelos direitos de uso de conhecimento tradicional; elaborar um relatório de sustentabilidade com base no modelo da Global Reporting Initiative;[1] criar uma linha de produtos sustentáveis inteiramente baseada em ativos da biodiversidade brasileira; eliminar, em suas campanhas de comunicação, o estereótipo da beleza inatingível, respeitando as marcas do corpo como parte da biografia da mulher.

Foi também a primeira empresa a introduzir no coração da marca, e de modo radical, os valores e crenças de seus fundadores, transformando-os em proposição de valor para os consumidores. "A razão de ser da Natura é o 'Bem estar bem'. 'Bem estar' é a relação harmoniosa e agradável do indivíduo consigo mesmo e com o seu corpo. O 'estar bem' é a relação do indivíduo com o outro e com a natureza da qual ele faz parte. Esse conceito está expresso em nossos produtos, na assinatura de nossa marca – uma construção quase concretista –, mas principalmente na forma como enxergamos a vida: um encadeamento de relações", define Gutilla.

---

1   Organização não governamental internacional, criada em 1997, com sede em Amsterdã, na Holanda, cuja missão é desenvolver e disseminar diretrizes para a elaboração de relatórios de sustentabilidade utilizadas voluntariamente por empresas de todo o mundo.

Fábio Barbosa

A COERÊNCIA EMBLEMÁTICA

> PROCEDA DE MANEIRA TAL QUE A SUA MÁXIMA POSSA SER CONSIDERADA O PRINCÍPIO DE UMA LEI UNIVERSAL.
>
> Immanuel Kant, *A crítica da razão prática.*

Da porta para fora do Banco Real, hoje incorporado ao Santander, Fábio Barbosa construiu a fama de executivo fora de série, um craque que transformou um banco brasileiro de médio porte na mais bem-sucedida experiência de sustentabilidade empresarial do setor no Brasil. Da porta para dentro, Fábio é, na definição dos que convivem com ele, um líder de atitudes claras, coerentes e corajosas, incapaz de agir em desacordo com seus valores e convicções pessoais, fonte da qual advém um reconhecido carisma que sobressai, apesar ou por causa de uma confessa timidez.

Um episódio ocorrido em 2001 dá bem a prova de tal coerência, que já se tornou emblemática na carreira de Fábio. À época, presidente do Banco Real e no primeiro ano do "movimento de sete anos" do processo de revolução sustentável imaginado para a organização, ele tomou uma decisão nada convencional para os padrões do segmento bancário: abrir mão de fazer empréstimos a companhias cujos empreendimentos devastassem, de algum modo, a Amazônia, entre outros setores colocados na "lista negra" das operações de crédito.

Vista hoje, na perspectiva do tempo, a ideia parece bastante louvável. E é certo que, contada num seminário corporativo, arrancaria aplausos fáceis. Mas há dez anos, quando os Princípios do Equador[1] ainda nem haviam sido criados, em uma fase pré-Lei Sarbannes Oxley,[2] soava ousado demais escolher um negócio usando, como critérios, a transparência e as questões socioambientais.

A concorrência, pelo que se sabe, deu de ombros. Nos bastidores de um mercado caracterizado por acirrada competição, houve quem ironizasse o excessivo "idealismo" de tal atitude, encarando-a muito mais como uma excentricidade do presidente ou um factoide para chamar a atenção.

Acostumado – como, de resto, todo o segmento bancário – a considerar que dinheiro é dinheiro, independentemente de crença, cor e etnia, muito provavelmente nem mesmo o ABN Amro Bank – que, ao adquirir em 1998 o controle do Banco Real, nomeara Fábio presidente da instituição – tenha compreendido direito as razões e os impactos da medida. Por que um banco deveria se preocupar com a questão ambiental se é uma organização cujas atividades, a rigor, pouco impactam o meio ambiente? Por que um banco deveria se responsabilizar pelo modo como o cliente utiliza o dinheiro que lhe tomou emprestado, entrando no mérito do que seria feito com ele? Essas questões certamente vieram à tona, sem respostas simples e rápidas.

No entanto, Fábio estava convencido de que, em troca da perda de alguns poucos clientes ruins, o banco ganharia uma legião de outros clientes bons, que o procurariam por afinidade com seu credo de valores sociais e ambientais. "Não sou dono de uma verdade única. Cada um age conforme seus valores. Mas eu queria buscar a minha turma, as pessoas e empresas que pensam e acre-

---

[1] Série de diretrizes e regras definidas em 2003 por um grupo de bancos, em conjunto com a International Finance Corporation (IFC), braço do Banco Mundial. Tais regras estabelecem critérios socioambientais para a concessão de crédito a empreendimentos com valor igual ou superior a 10 milhões de dólares.

[2] De autoria dos senadores Paul Sarbanes e Michael Oxley, essa lei – também chamada SOX – foi promulgada pelo Congresso norte-americano em 30 de junho de 2002, logo após uma onda de escândalos corporativos que atingira os Estados Unidos. Tendo como objetivo evitar a fuga de investidores provocada pela desconfiança quanto à governança de empresas listadas na bolsa de valores, a Lei SOX estabelece regras e mecanismos de auditoria e segurança, destinados a eliminar riscos, evitar a ocorrência de fraudes e garantir a transparência na gestão das companhias.

ditam no que acreditamos", diz ele. Turma? Peço-lhe que dê exemplos de quem seriam os que fazem parte dela: "Passamos a ser procurados por gente que faz a diferença. Falo do pequeno empresário que criou um lava-jato a seco. Da madeireira que quis abrir sua conta conosco porque se identificou com o fato de valorizarmos a certificação ambientalmente responsável, coisa que ninguém fazia. Da jovem proprietária da Help Express, uma empresa que administra *motoboys* e que, assim como eu, nunca achou normal a estatística de um *motoboy* morto por dia na cidade de São Paulo. Os profissionais da Help Express têm seguro de vida, carteira assinada, instruções de segurança. São tratados com dignidade. E ela nunca deixou de crescer, de aumentar o seu lucro, por pensar dessa forma. Essa gente faz parte da nossa turma", completou.

O tempo provou o acerto de sua convicção. O Real cresceu muito. Ao longo da última década, transformou-se, segundo o *Financial Times*, num dos bancos mais sustentáveis do mundo. Quando, em 2007, foi vendido ao Santander por 12 bilhões de euros (quatro vezes mais do que o valor que o ABN Amro Bank pagara pelo Real em 1998), o comprador espanhol aceitou remunerar 25% a mais sobre o preço de mercado, por entender que esse era o valor intangível da marca brasileira, fortalecida em grande medida pelo atributo da sustentabilidade. Sustentabilidade gera, portanto, valor econômico.

No começo, sem manual, o desafio dos "o quês" e dos "comos"

Quando, em 2001, o Banco Real começou a introduzir sustentabilidade no dia a dia dos negócios, não havia um manual ao qual recorrer – desses que apresentam um passo a passo e explicam didaticamente os "o quês" e os "comos". Sem saber por onde começar nem exatamente como fazer, mas consciente de que desejava algo grande e modificador, Fábio contatou à época um especialista que lhe propôs dois caminhos.

Pelo primeiro, mais rápido, o Banco Real começava por um movimento de treinamento interno, capacitando seis grupos de quinhentos gestores aos quais caberia, depois, introduzir o tema no cotidiano da empresa. Pelo segundo caminho, mais demorado, incerto e um tanto sinuoso, adotava uma estratégia de mudança gradual, reforçando atitudes e exemplos no dia a dia.

O executivo dispensou o atalho. Preferiu a estrada menos retilínea. Não por teimosia. E sim porque, afinal, ele queria uma mudança para valer, e não para constar. Sabia que a necessária revolução teria de ocorrer "de dentro para fora", nunca por meio de uma adaptação a qualquer tipo de padrão ambiental externo, muito menos pelo apoio a alguma causa social, como era costume entre grandes empresas na primeira metade dos anos 1990.

A grande mudança só seria possível com uma revolução no nível de consciência dos colaboradores, quer no trabalho, quer em família, quer na comunidade. "Senti que, se não construíssemos a nova cultura no cotidiano, o projeto teria vida curta, soaria superficial, quase como uma iniciativa de *marketing*. Não me animava a ideia de fazer algo em cima da mesa, para poucos líderes. Queria um processo mais profundo, realizado com a devida imersão, que tocasse na essência das pessoas. Indivíduos engajados mudam empresas, que, por sua vez, mudam o mercado e a sociedade. Não me importava saber quantos se engajariam. Mas com que qualidade e intensidade cada um se engajaria. Por isso, escolhi um projeto de longo prazo, que percebemos ser de, pelo menos, sete anos. Assim fizemos o que eu chamo de 'liderança pelo exemplo' e 'gestão por valores', botando consistência não só no discurso, mas principalmente nas atitudes. Nesse processo de sete anos, avançamos para o oitavo. Mas acho que conseguimos colocar o tema no organismo da empresa. Não tem mais volta", diz Fábio.

Intrigado com o fervor de sua convicção, pergunto-lhe o que o faz ter tanta certeza de que ele introduziu sustentabilidade na carga genética do banco. Que situações concretas do cotidiano reforçam sua convicção de que essa cultura não irá sofrer abalos com a imposição da cultura do comprador espanhol, normalmente mais forte? A resposta vem pronta: "Todos os dias, nas reuniões sobre produtos e clientes, sobre concessão de crédito e nos encontros de Recursos Humanos. E sabe como percebo? Observando os líderes ponderarem sobre o quanto as ações sugeridas se encontram ou não afinadas com os valores do banco. 'Isso não está de acordo com o nosso modelo', dizem. 'Esse produto não parece adequado', afirmam. Nessas horas, vejo com satisfação que eles têm um referencial e o respeitam. Sentem-se valorizados por isso. No fundo, tudo o que fizemos e fazemos serve para satisfazer as pessoas".

Se a sustentabilidade está no âmbito das crenças, não é impróprio pensar que, apesar de seus benefícios e da visão de mundo pluralista e humanizadora que proporciona, nem todos os funcionários se sentem, de partida, conectados com as mudanças exigidas no processo. Adesão unânime parece uma utopia.

Fábio concorda: "Há os que não praticam e não trabalham conforme os valores propostos. E, quanto a isso, não adianta ter cartazes com o modelo de atuação pendurados nas paredes. Como num organismo vivo, as partes precisam se conectar para a construção de uma identidade. Já conseguimos identificar os corpos estranhos. Com o tempo, os que não partilham da proposta se chateiam e vão embora. Os que estão fora, mas acreditam em nossa proposta, começam a nos achar pela afinidade que têm com os valores de nossa cultura. Procuramos exatamente os que se conectam".

"Só escuto o que as pessoas fazem"

Segundo Fábio, o estilo de liderança pode variar. Há líderes mais carismáticos, que usam o poder de comunicar ideias para mobilizar colaboradores. Há outros que se apegam à objetividade dos processos e engajam pessoas, convencendo-as racionalmente do melhor a se fazer. Há, ainda, os líderes que utilizam bem o estímulo financeiro para ganhar adeptos a seus projetos. Seja qual for o estilo – prega –, o mais importante é ter uma crença. "O resto vem junto. Crença firme mobiliza as pessoas ao seu redor. Mas não basta dizer que se acredita em algo. É fundamental viver a crença no cotidiano, porque é só a partir do comportamento coerente que os colaboradores conseguem perceber exatamente o que você é e em que você acredita. A coerência no comportamento confere credibilidade à crença", diz ele.

Na visão sem rodeios de Fábio, um líder não pode mais, como no passado, ter botões de *on* e *off*, e acioná-los conforme as circunstâncias de sua vida e os ambientes nos quais circula. Não dá, por exemplo, para "ligar" atitudes ecologicamente corretas no local de trabalho e "desligá-las" fora dele. Como também não se pode desligar, no trabalho, os valores éticos que pautam sua vida em família e na comunidade. É necessário estar *on* o tempo todo, vivendo como se fosse um restaurante com a porta da cozinha aberta, sujeito à análise permanente do seu público de interesse. Para o bem e para o mal.

"Não posso pregar no banco respeito à diversidade, combate à corrupção e preservação do meio ambiente, se fora dele maltrato as pessoas por causa de diferenças sociais, transfiro pontos da minha carteira de motorista para a de outra pessoa e jogo lixo na rua. Os colaboradores estão muito atentos às incoerências dos líderes", afirma Fábio.

A melhor lição de liderança, Fábio aprendeu com um executivo holandês com quem trabalhou no ABN. "Antigamente, o líder ficava na frente da tropa, dava ordens e as pessoas as cumpriam. Hoje, ele precisa cativar as pessoas e, regularmente, olhar no retrovisor para ver se tem gente seguindo", disse-lhe o homem. É nisso que ele acredita.

Para Fábio, ações firmes e coerentes seduzem mais do que belos discursos. Ou deveriam seduzir. "Suas atitudes falam tão alto, que eu não consigo ouvir o que você diz", costuma repetir a frase do filósofo norte-americano Ralph Emerson, que, segundo ele, é o que melhor expressa sua tese sobre a transparência. "Este é o meu lema. Interessa-me menos o que as pessoas falam. Quero saber o que elas fazem. Só escuto as atitudes agora", conta, recorrendo a uma figura de linguagem conhecida como sinestesia, que cria relação entre planos sensoriais diferentes.

Fazendo as coisas certas, do jeito certo

Para reforçar seu ponto de vista, o hoje presidente do conselho do Grupo Santander no Brasil lembra os primórdios do movimento de responsabilidade social, no final da segunda metade dos anos 1990, quando muitas empresas assumiram o discurso filantrópico como forma de demonstrar compromisso com a causa sem, no entanto, aceitar mudanças em seus processos e práticas de negócio. "Era comum ouvir, nessa época, frases do tipo 'o que eu faço no dia a dia não importa. Veja só a creche que eu sustento'. Um Marcola, que aterrorizou São Paulo em 2006, aparentemente também sustenta um asilo de idosos. Mas isso não faz dele um sujeito sustentável. Ele têm atitudes que não são boas para a sociedade. Sustentabilidade tem a ver com atitudes concretas de mudança", exemplifica.

Para facilitar a disseminação do conceito de sustentabilidade – a simplicidade na comunicação é um dos traços distintivos do presidente do conselho do Santander –, Fábio criou um bordão que serviu como manchete de boletins internos e até *slogan* da propaganda do Banco Real: "Sustentabilidade é dar certo fazendo as coisas certas do jeito certo!". O próprio executivo se apressa em explicar a raiz "sociológica" de sua original definição, como para protegê-la de um juízo açodado ou superficial do entrevistador: "No Brasil existe, infelizmente, uma noção de que, para dar certo, um homem de negócios deve transigir em seus valores. Não sei de onde surgiu uma ideia tão equivocada. Não há nenhuma evidência empírica que a sustente. É um mero dado cultural. De fato, a história está cheia de casos de pessoas que deram certo fazendo as coisas erradas. Mas isso não precisa ser tomado como regra. Não quero ser visto como exceção. Mas apenas um exemplo de que é possível ter ascensão na carreira profissional sem abrir mão do que se pensa".

No Brasil – ressalta, em defesa da tese – prevalece, estranhamente, uma cultura baseada no ato de ocultar as virtudes, como se elas diminuíssem em vez de engrandecer os indivíduos. O que deveriam ser boas qualidades, portanto, socialmente bem aceitas, acabam estigmatizadas como defeitos. Ele cita um exemplo prosaico. O ato de estudar. Enquanto, na Europa, os estudantes universitários se orgulham de estudar muito para obter bom desempenho nas provas, no Brasil, muitos escondem que estudaram para evitar gozações dos colegas. "A mediocridade é a regra. As virtudes, que estão na base dos bons exemplos, precisam ser destacadas. Tem muita gente muito correta no país, só que sem visibilidade", completa Fábio.

Como toda lógica nascida de um vício cultural – como a dupla ética da porta para dentro e da porta para fora –, aquela que prega que os valores pessoais não devem interferir nos negócios tem seus mecanismos de defesa robustos e muito bem aprumados. Quando começou a defender abertamente a inserção da sustentabilidade no negócio, Fábio confrontou-se com o dilema do "ou/ou". Não foram poucas as vozes que – declarada ou anonimamente – se colocaram na trincheira oposta, empunhando a bandeira da ideia do "ou se obtém lucro, ou se investe em questões ambientais". Fora da empresa, mas também dentro dela. "Esse é um falso dilema", comenta ele, "um lugar-comum utilizado para manter as coisas no mesmo patamar. Não é por assumir responsabilidades socioambientais e estabelecer relações mais cuidadosas com os seus públicos de interesse que uma empresa vai deixar de ser rentável. Mais uma vez, não existe nenhuma evidência de que uma empresa tenha sacrificado rentabilidade por tentar ser sustentável". Fábio enumera exemplos na direção contrária. As ações de empresas listadas no Dow Jones Sustainability Index ou no Índice de Sustentabilidade Empresarial valorizam mais do que a média dos papéis comercializados respectivamente nas bolsas de valores de Nova York e de São Paulo. O mesmo ocorre com os chamados "fundos de investimento éticos". "Não faz sentido alguém achar que uma empresa que cuida do meio ambiente, dos seus colaboradores e dos seus fornecedores vai ter lucro menor. Isso é administrar bem. Está na estratégia de valor da empresa", ensina.

Para alegria de Fábio, diversos pensadores concordam que o paradigma do "ou/ou" está ruindo. Peter Senge, com quem o presidente do Santander já trocou ideias, é um deles. Foi um dos primeiros a antecipar o fim iminente do falso dilema, assim como a derrocada do velho trinômio "extrair-produzir--descartar", característico da era industrial.

Ou por convicção, ou por conveniência

Segundo Fábio, os valores estão, de fato, mudando para acompanhar as mudanças do mundo. Não são nem piores nem melhores, apenas fundados na ética e no espírito do tempo presente, que se caracteriza por um contexto de alterações climáticas, escassez potencial de recursos naturais e um aumento crescente das expectativas das sociedades em relação ao papel das empresas.

"Lembro-me da época, e não faz muito tempo, em que ter uma fábrica limpa, por exemplo, era sinônimo de desperdício, na medida em que asseio significava custo. Um dia propôs-se limpar as fábricas. E me pergunto se alguém hoje em dia tem coragem de questionar esse dado, ao verificar seu impacto positivo sobre o comportamento das pessoas e a qualidade do produto final. O mesmo está acontecendo com o novo modo de produzir sustentável. Sustentabilidade tem tudo a ver com inovação e qualidade", diz Fábio, ecoando a ideia que o famoso consultor indo-americano C. K. Prahalad, falecido em 2010, explorou muito bem em seu último artigo, publicado na *Harvard Business Review* (Prahalad, Nidumolu, Rangaswami, 2009).

Ao decidir-se, no início deste século, por não emprestar dinheiro a empresas que, por exemplo, cortam madeira de modo irresponsável, o Banco Real não "perdeu negócios", como chegaram a cogitar alguns analistas rasos, ainda apegados ao "economiquês" convencional. Para Fábio, descartar clientes não representou a perda de um custo de oportunidade, mas um investimento em solidez futura. "Não empresto dinheiro a esse tipo de empresa por três razões. Primeiro, porque acho que elas fazem errado. Segundo, porque não acredito que vão pagar daqui a cinco anos, na medida em que terão sua vida abreviada se insistirem em um modelo de extração cada vez menos aceito pela sociedade. E, terceiro, porque, dada a tendência observada, as que vendem madeira certificada são as que prosperarão nesse mercado", explica.

Entre as frases mais singulares de sua lavra, Fábio não se cansa de repetir que as empresas estão aderindo à sustentabilidade, ou "por convicção, ou por conveniência". No primeiro caso – em que ele se coloca –, elas são movidas por crença nos valores inerentes ao conceito. No segundo, pela percepção, um tanto utilitária, de que o tema adiciona valor ao negócio, já que a sociedade e os consumidores o prestigiam de forma crescente. Por conveniência, a sustentabilidade fica na epiderme. Por convicção, na corrente sanguínea da organização. Qualquer que seja a motivação da escolha, Fábio aplaude as que transformam intenções em ações.

"Na metade do século passado", diz ele, "derrubar árvores, lançar poluição e jogar sujeira nos rios eram fatos relativamente bem aceitos, vistos como sinal de progresso. Admitia-se, sem cerimônia, deixar o ônus das externalidades da produção industrial para governos e sociedade pagarem a conta. Hoje, as pessoas exigem mais, os parâmetros são outros. Não toleram mais escorregões como o da Nike, que, na década de 1990, foi flagrada utilizando mão de obra infantil. Estão mais atentas aos impactos provocados por empresas petrolíferas e usinas hidrelétricas que impactam ecossistemas. O McDonald's, por exemplo, teve de ceder à pressão e reduzir a gordura dos seus lanches".

A crescente pressão da sociedade por empresas mais sustentáveis – acredita – está produzindo a ascensão de uma nova classe de líderes, mais antenados com os valores deste tempo. Em sua análise, foram as empresas que pautaram as universidades, e não o contrário. Fábio, no entanto, não acredita que se possa formar alguém em sustentabilidade pelo simples motivo de que o conceito de formação não se aplica nesse caso: "A expressão 'formar' tem duas conotações. Primeiro, que se pode colocar o jovem líder numa forma. Impossível. E, segundo, que ele pode ficar pronto. Impossível, de novo. Não acho que se possa dizer que alguém está pronto. Em vez de formar, precisamos remar a favor da correnteza, criar condições para que os jovens líderes sejam submetidos a um processo de aprendizado contínuo, até porque o tema da sustentabilidade ainda se encontra em estágio muito incipiente e suas bases de conhecimento, em mudança constante. A sociedade tem produzido os líderes sustentáveis. E a academia está reagindo a essa demanda".

Tolerância à crítica, respeito à diversidade

Fábio não gosta de falar de si. Mera idiossincrasia ou timidez? Provavelmente, uma combinação das duas coisas. Tive a prova dessa resistência ao mudar o rumo da entrevista para um terreno mais pessoal, perguntando-lhe, por exemplo, sobre o que considerava seu principal atributo como líder. A resposta veio curta e direta – "Difícil falar da gente!" –, como a querer avisar o entrevistador que ele deveria pular para outra.

Dizendo-se ainda tímido, apesar do que "menos do que em outros tempos", o executivo confessou também não gostar muito de falar em público: "Falo melhor hoje do que já falei antes. Nunca fui um grande orador. Estou aprendendo, a duras penas, por conta das minhas responsabilidades. Mas não gosto, não me sinto à vontade". Quem assiste a uma de suas concorridas palestras – sua presença num evento de sustentabilidade costuma ser garantia de audiência e sucesso – certamente nunca percebeu o desconforto. Muito pelo contrário, ele parece sempre à vontade quando o assunto é sustentabilidade – tão à vontade como deve se sentir um advogado de defesa numa tribuna, convicto da qualidade de suas provas.

Coerência quase religiosa, gosto pelo diálogo, respeito à ideia alheia, alto nível de exigência e de cobrança por resultados. Os que convivem com Fábio gostam de enumerar suas qualidades. Uma delas, menos conhecida, é a tolerância à crítica, num nível incomum entre executivos e presidentes de empresa. "Convivo tão bem com a ideia do erro, que estou preocupado em como lido mal com a de acerto. Estou quase indo ao psicólogo para saber por que prefiro a crítica ao elogio", brinca. "A crítica me engrandece e o elogio me entorpece. Penso mesmo que a crítica seja um negócio tão positivo, que deveria ser guardada para os amigos, e não para os inimigos. Por quê? Porque ao criticar o inimigo você o ajuda a se tornar uma pessoa melhor. É um conceito bobo o de que a crítica é ruim", afirma Fábio. Reflexo dessa mania de extrair lições da crítica, um dos traços mais marcantes de sua gestão é a criação de canais e instrumentos para avaliar o que os públicos de interesse pensam do banco. Ele monitora os *feedbacks* com o mesmo interesse de um enfermeiro pelo paciente em recuperação.

Dizem, ainda, de Fábio que ele acredita, mais do que a média dos mortais que sentam em cadeiras de presidente, no valor estratégico da diversidade. "Hoje estou convencido de que pessoas que pensam diferente tornam a organização melhor, mais saudável. Pessoas que passaram por experiências diferentes tendem a ver o mundo de uma forma diferente, engrandecendo, portanto, os processos de discussão e decisão. A presença de mulheres, negros, pessoas com deficiência física, minorias de qualquer sorte, melhora a qualidade do grupo", diz ele.

Quando a entrevista foi realizada, ainda havia muitas dúvidas sobre se a cultura de sustentabilidade do Banco Real seria absorvida ou simplesmente descartada pelo Santander. A sala de Fábio exalava otimismo. Sua manutenção no posto de presidente, contrariando uma prática comum do comprador espanhol, era em si um sinal de bom agouro. A carta branca para manter tudo funcionando do mesmo jeito, também.

Com que sonha Fábio, agora à frente da operação local de um megabanco global? "Sonho em fazer um banco cada dia melhor, um mercado cada dia melhor e um país cada dia melhor. Não penso só na minha organização, mas no impacto que ela pode gerar no mercado. Com o Real, criamos uma referência positiva. Com o Santander, os valores e compromissos serão os mesmos. Abrimos um caminho. Minha responsabilidade é muito grande, por dois motivos. Primeiro, tenho o dever de rentabilizar, no longo prazo, o capital do banco e de seus clientes. Segundo, cuido da vida de mais de 50 mil pessoas. Se erro demais aqui, isso vira um caos. Como todo mundo, cometemos, sim, muitos erros. Erros existem. Se tivesse medo deles, não teríamos feito nada do que fizemos. Mas o que quero é que tenhamos a consciência de nossa responsabilidade. Propusemo-nos a dar certo nas ações que fazemos. Se falharmos, ofereceremos farta munição aos que não acreditam que é possível dar certo fazendo as coisas certas do jeito certo", conclui.

Fábio Barbosa

Insights	Na compra do Real pelo ABN Amro Bank, a percepção de que não só era possível mas urgente criar um banco diferente, para o qual "dinheiro não é tudo igual"
Ideias-chave	Sustentabilidade é "dar certo fazendo as coisas certas do jeito certo"
	É falso o dilema de que não é possível ser rentável e ser sustentável ao mesmo tempo
	Sustentabilidade deve estar na estratégia de valor da empresa
	Sustentabilidade tem tudo a ver com inovação e qualidade
Desafios	Construir um processo de mudança profunda, "de dentro para fora", com todos os funcionários, criando uma cultura de sustentabilidade baseada em liderança pelo exemplo e na gestão de valores
	Iniciar esse movimento sem um "manual" ou uma referência de iniciativa similar em outros bancos ou empresas
	Conceituar, definir uma visão clara e fazer com que todos os funcionários se apropriem da sustentabilidade nas práticas do dia a dia
Obstáculos	Resistência natural dos funcionários a compreender e incorporar a nova visão de sustentabilidade
Estratégias	Inserir sustentabilidade de maneira transversal
	Apostar na educação para a sustentabilidade
	Bancar um movimento de cultura de longo prazo
Momentos marcantes	Decisão do Banco Real, em 1999, de não mais conceder empréstimos a empresas que devastassem a Amazônia, entre outros setores "controversos"
	Lançamento de programas como o Microcrédito e de produtos como os fundos éticos
	Reconhecimento do Real, por parte do *Financial Times*, como o banco mais sustentável do planeta em 2008
	Compra do Real pelo Santander, manutenção no cargo de presidente e carta branca para manter a política de sustentabilidade construída ao longo de oito anos
Perfil do líder em sustentabilidade	Seja qual for o perfil, é importante ter crença firme
	Viver a crença no dia a dia, com coerência
	Mais atitudes do que discursos
	Respeito à diversidade
	Capacidade de ouvir, principalmente as críticas
	Ser transparente
	Ter coragem para fazer a mudança
	Liderar pelo exemplo e com valores

Banco Real, o influenciador

Estudo de caso na Universidade de Harvard, a experiência de inserção da sustentabilidade na gestão do negócio levou o Banco Real, hoje Santander, a ser reconhecido, pelo *Financial Times*, como o banco mais sustentável do mundo em 2008. Não é pouco, claro. O mesmo jornal inglês já o havia distinguido, em 2006, com o título de "banco mais sustentável do ano em mercados emergentes".

Ao Real, não raro, costuma-se atribuir a fama de organização desbravadora do tema no Brasil. Sua influência – vale dizer – extrapolou o segmento bancário, alcançando empresas de diferentes portes e setores que, inspiradas no sucesso do banco de bandeira verde-amarela, passaram a ver na sustentabilidade um novo jeito "de dar certo fazendo as coisas certas do jeito certo", como sugere o bordão criado por seu presidente, Fábio Barbosa.

Hoje, o Santander assumiu o papel de educador em sustentabilidade. Partilha seus conhecimentos com outras corporações, por meio de um programa de desenvolvimento chamado Sustentabilidade na Prática: Caminhos e Desafios. Com a extinção da marca em novembro de 2010, o Real se tornou página virada na história, o legado de sua cultura sustentável foi convenientemente incorporado pelo comprador espanhol e Barbosa passou a ser uma figura mitológica da liderança sustentável no país. Justiça seja feita, parte do sucesso dessa trajetória deve ser compartilhada com dois de seus fiéis escudeiros: Maria Luiza Pinto, diretora-executiva de Desenvolvimento Sustentável, e Fernando Martins, diretor-executivo de Estratégia de Marca.

Maria Luiza integrou-se formalmente ao projeto em novembro de 2001, quando, a convite de Barbosa, deixou a área de Recursos Humanos da sede holandesa do ABN Amro Bank para assumir a então recém-criada diretoria de Responsabilidade Social. A distância, no entanto, ela vinha acompanhando, atenta e entusiasmada, a evolução do movimento de desenvolvimento sustentável no Banco Real.

Desde que o Real fora adquirido pelo banco holandês em 1998, Malu, como é conhecida, já ouvia de Barbosa ideias a respeito de um "novo modelo de banco". O "projeto" não nasceu, portanto, pressionado por nenhum tipo de circunstância, até porque o tema não estava na agenda das empresas, muito menos da sociedade brasileira. Acreditava-se que banco não exercia forte impacto ambiental. Não havia cobrança ou imposição por parte do comprador. Nenhum concorrente fizera qualquer movimento nessa direção. Inexistiam modelos ou referências a seguir. "Foi um *insight* do Fábio, uma convicção afinada com seu processo de desenvolvimento pessoal. Na integração dos bancos, ele estava decidido a desenhar uma missão que respondesse a uma pergunta incomum para a época: qual deve ser a causa do Banco Real? A mensagem era clara: um banco não deve deixar de ser lucrativo, mas precisa olhar para outros aspectos", diz Malu.

No momento do convite, Barbosa não fez mistério sobre o que esperava de Malu. Estava na hora de introduzir a sustentabilidade na cultura e na estratégia do negócio. Como fazê-lo? Ele não tinha a menor ideia. Esse seria justamente o papel da nova diretoria. O tema evoluíra nos últimos dois anos. Para colocar suas "crenças em marcha", o presidente criara um comitê, o Banco de Valor, formado por oito diretores ("escolhidos a dedo pela sensibilidade ao tema") que se reuniam ao longo de uma hora, uma vez por semana, para discutir formas de o "novo" banco gerar valor para a sociedade.

Com o crescimento das iniciativas nascidas desses encontros, impunha-se o desafio de organizá-las.

E também o de envolver, mobilizar e educar líderes para criar cultura. "Não sabia nada sobre sustentabilidade. Mas estava afinada com as ideias do Fábio. Minha primeira ação foi entrevistar todos os diretores para avaliar os avanços e as dificuldades. Depois, realizar um diagnóstico com base nos Indicadores Ethos. Havia muitas ações interessantes em andamento, inclusive de ecoeficiência e de fornecedores, que precisavam ser amadurecidas. Tudo era novo, prevalecia uma vontade de fazer diferente. A nova área surgia para ajudar na condução do processo. E o presidente deixou claro que não gostaria que os projetos tivessem donos. Todos tínhamos de ser facilitadores", afirma.

AS SEIS ESSÊNCIAS

Considerando que o Real enfrentou, no início, dificuldades mais ou menos comuns a outras empresas, pergunto a Malu por que nele a sustentablidade entrou na cultura e no negócio com uma intensidade muito maior do que em outras companhias? Para a executiva, o sucesso não se deve a uma única variável. A explicação – crê – pode estar no conjunto de seis "essências", que funcionaram como uma bússola ao longo de todo o processo. Elas sintetizam convicções, razões íntimas de ser, motivações existenciais. Na prática, ofereceram e ainda oferecem lastro seguro e direção certa para escolhas de caminhos. As essências dizem muito sobre as crenças mais profundas do banco.

A primeira está relacionada com o caráter endógeno do movimento. "Desde o início do processo, o Fábio afirmou que só faria sentido um movimento de dentro para fora. Ou mudávamos a consciência dos indivíduos, ou não conseguiríamos mudar a empresa, o mercado e a sociedade. Não poderia ser um compromisso para o período das 9 às 18 horas. Precisava ser uma revolução individual de valores", diz Malu.

Uma segunda essência refere-se à inserção do tema no *core business*. No início deste século, em período inicial de construção de conceitos, não eram poucas as empresas que confundiam investimento social privado com responsabilidade social. Achavam que ter projetos sociais era suficiente, poupava-lhes o esforço desconfortável de mudar práticas e estratégias. O Real se propôs a discutir sustentabilidade nos negócios. Mais do que isso, a debater como o negócio bancário poderia contribuir para uma nova visão de sociedade. "Um banco faz mais diferença quando implanta uma política de risco socioambiental, de microcrédito, de fundos éticos e produtos socioambientais, de financiamento de energia e construções sustentáveis, e de mercado de carbono. Sustentabilidade é vetor de inovação, instrumento de credibilidade. Por isso, aqui sempre se defendeu a ideia de fazer antes de falar", explica Malu.

A terceira essência está ligada ao aproveitamento do que a executiva chama de "janelas de oportunidade". "Nunca o presidente usou seu poder para forçar a participação de ninguém. A intenção era convocar vontades para um projeto comum, conquistar pela afinidade de crenças e valores, convencer a partir dos benefícios gerados pela mudança. Nada era obrigatório. Tinha de ser orgânico. Não se admitia, por exemplo, estabelecer metas de sustentabilidade para um diretor como forma de pressioná-lo a se conectar ao movimento. Dos 22 diretores convocados no início, alguns poucos aderiram para valer. Um terço de céticos achava tudo aquilo uma loucura, pensava que éramos o *playground* do presidente. E só topou participar porque o Fábio estava à frente. Queríamos que cada um entrasse pela janela de oportunidade que primeiro se abrisse à sua frente. Tinha gente que apresentava uma sugestão de microcrédito a partir da leitura de um livro, uma matéria de jornal ou um programa de TV. Havia também quem era chamado a integrar por ser uma pessoa diferenciada, com vontade de fazer. Nossa área funcionava como uma espécie de centro disparador de ideias. Tudo o que fazíamos era descobrir maneiras interessantes de fazer", conta ela.

A quarta essência, segundo a diretora, prega que a sustentabilidade deve ser produto de um processo de construção coletiva. Ao tentar realizar seus projetos, os comitês e grupos multidisciplinares logo perceberam que precisariam de ajuda externa. Faltavam-lhes repertório e experiência. "Não dava para fazer sozinho. Não era o nosso negócio. Então, fomos buscar o apoio de ONGs e consultorias especializadas para nos ajudar a desenvolver produtos, a organizar investimentos sociais e a discutir temas complexos como a diversidade. Tentamos ir além das parcerias convencionais. Contratamos, por exemplo, a ONG Amigos da Terra para dar um curso para 2 mil funcionários. Nem mesmo os dirigentes dessa organização conseguiram disfarçar o estranhamento com o inusitado convite", afirma a executiva.

A quinta essência está relacionada com o formato não linear de irradiação do movimento, e a sexta, ao fato de que há múltiplos jeitos de fazer acontecer a sustentabilidade. Havia uma vontade clara – enfatiza Malu – de que o movimento, como um vírus, se espalhasse por todo o banco. Desde que era apenas uma semente. Ele começou com um comitê formado pela alta direção. Depois, no âmbito da Diretoria de Responsabilidade Social, comitês, grupos de trabalho interdisciplinares e áreas funcionais foram montados para apoiar a formulação das políticas de risco socioambiental e microcrédito. Com a Diretoria de Educação e Desenvolvimento Sustentável, criada em 2003, seguiram-se os grupos de estudo, os *team buildings*, os programas de capacitação. E, com a mudança para a Diretoria de Desenvolvimento Sustentável, em 2007, nasceram os pontos focais por área e os consultores internos, até uma efetiva mobilização de todo o quadro de funcionários. "Queríamos, na verdade, perder o controle do processo porque isso seria uma prova de que ele andava por si, que as pessoas estavam se apropriando dos valores, ideias e práticas. Queríamos, mais ainda, que cada um escolhesse o melhor motivo para fazer. Podia ser baixar custos e alavancar receitas, reduzir riscos, economizar recursos naturais, sugerir alguma medida de ecoeficiência, participar de alguma ação social. É importante descobrir a motivação das pessoas, o que as atrai para o tema da sustentabilidade. E, principalmente, deixar claro que todo mundo pode fazer no âmbito de sua atuação, e de acordo com o seu perfil", explica.

TRÊS LIÇÕES APRENDIDAS

Segundo Malu, com todas as suas dores e delícias, o processo resultou em aprendizados importantes. Lição número 1: uma mudança cultural é um processo lento. Por desconhecimento da complexidade da caminhada, os três ou quatro anos imaginados no início transformaram-se em oito ou nove. "Romper resistências comportamentais leva tempo. Subestimamos o fato de que as pessoas demoram a mudar a maneira de ver as coisas. Tudo o que é orgânico é mais efetivo, claro. Mas consome mais tempo", diz.

A segunda lição é que nada disso teria acontecido sem o apoio da liderança e a coerência entre discurso e prática. Nesse sentido, foi fundamental ter o presidente à frente, definindo "o quê" e, principalmente, participando da construção dos "comos". "Com sua temperança e o seu perfeccionismo, Fábio ajudou a construir um alinhamento humano em torno do conceito de sustentabilidade. Contribuiu diretamente para que mantivéssemos o eixo de coerência. E isso foi fundamental, porque todo o resto, no fundo, é circunstancial. Seu jeito de conduzir o processo, com intensidade e integridade, crença por inteiro, muito trabalho e dedicação, determinou que o banco passasse a ser visto como um organismo vivo. E, no caso da minha área de atuação, que a comunicação deixasse de ser instrumento de imagem e de *marketing* para ser veículo da identidade e da estratégia de marca de uma organização mais ética e mais comprometida com valores", lembra Fernando Martins, diretor executivo de Estratégia de Marca do Santander.

A terceira lição aprendida foi valorizar as lideranças. Na opinião de Malu, a introdução do pensamento sistêmico na gestão alterou a tal ponto o patamar de consciência da organização, que líderes em potencial, escondidos sob suas camadas internas, emergiram com a força de um *tsunami*.

"Penso num líder em sustentabilidade como alguém cuja competência básica é o pensamento sistêmico, a capacidade de reconhecer, identificar e valorizar a interdependência. Gente desse tipo circula nos diferentes níveis da organização. O movimento de sustentabilidade trouxe a possibilidade de enxergar líderes emergentes entre aqueles que antes víamos apenas como bons gestores que coordenavam muito bem as suas equipes. A sustentabilidade oportunizou um espaço que eles não tinham. Não só no nível de alto executivo, mas nos intermediários. O que fizemos foi criar um ambiente favorável para eles expressarem sua sensibilidade em relação ao tema. Demos condições para que alinhassem seus valores e preocupações socioambientais com os do banco. Rapidamente eles compreenderam a questão a partir de uma óptica sistêmica e passaram a identificar oportunidades. Destacaram-se pela habilidade de se apropriar do tema e por conseguir mobilizar outras pessoas usando uma linguagem direta, persuasiva e de fácil compreensão. Um traço comum entre eles é a capacidade de pensar de forma inovadora e de não ter medo de trabalhar com a incerteza, sob a orientação de propósitos e valores muito fortes. Nenhum dos líderes com quem venho trabalhando tinha certeza de como fazer, até porque fomos construindo os nossos caminhos sem um guia prático. Mas todos entenderam, desde o início, que isso era o importante a ser feito", completa.

Luiz Ernesto Gemignani

O FORMADOR DE LÍDERES JARDINEIROS

> O SUCESSO EM TODAS AS SITUAÇÕES SÓ DEPENDE DE DUAS COISAS: UMA É QUE O PROPÓSITO E A META DA ATIVIDADE SEJAM CLAROS; A OUTRA, PORÉM, CONSISTE EM ENCONTRAR A AÇÃO CERTA QUE CONDUZIRÁ A ESSE OBJETIVO
>
> Aristóteles

Para Luiz Ernesto Gemignani, a sustentabilidade está na definição do propósito, da identidade e do caráter da Promon, empresa onde trabalha desde 1978, e da qual foi diretor presidente eleito pelos funcionários por nove anos – o último mandato encerrado em abril de 2010.

Considerada uma das primeiras empresas brasileiras características do que se convencionou chamar "sociedade do conhecimento", a Promon nasceu em 1960 e tinha em seu quadro engenheiros jovens, bem-formados, idealistas e, segundo Gemignani, com um pensamento muito avançado para a época. Sem nenhum plano específico, mas abertos às novidades, eles rapidamente deixaram de ser funcionários para se tornarem sócios da companhia.

Como não eram empregados, mas donos do negócio, coube-lhes a oportunidade única e privilegiada de expressar suas crenças no desenho de uma visão de futuro que, desde cedo, tomou emprestado os princípios do que hoje se define como responsabilidade social empresarial: ao determinarem um propósito "social" para a companhia – o de ser a "expressão do valor de seus profissionais" e um instrumento para a "realização profissional e humana" de indivíduos –, seus sócios consideraram os possíveis impactos socioeconômicos para a sociedade, bem como as relações a serem estabelecidas com as partes interessadas.

Elaborada em dezembro de 1970, a Carta de Campos do Jordão, o primeiro documento a comunicar a visão de mundo da Promon,[1] já continha referências claras às questões éticas e de sustentabilidade. Está lá, de forma explícita, a ideia de que o lucro, apesar de indispensável à estabilidade e ao desenvolvimento da empresa, não é um objetivo em si mesmo, e sim um "meio para consecução de seus fins".

Mas aqueles eram os anos 1960 e 1970. Os temas ambientais não estavam no radar de executivos. E a visão de impacto social ainda representava mais um compromisso de natureza ética do que negocial.

No começo da década de 1980, então fortemente influenciada pelos conceitos contidos no livro *A quinta disciplina*,[2] a Promon iniciou o que Gemignani chama de um "novo ciclo de existência", em cujo horizonte de desafios impunha-se manter os princípios de origem ao mesmo tempo que se adotava uma nova visão energizada pelo vigor da lógica do pensamento sistêmico. "E o que é o pensamento sistêmico senão a ideia da sustentabilidade?", filosofa. "Sem recorrer à palavra 'sustentabilidade', e muito menos adotar qualquer esforço de particularização do tema na perspectiva socioambiental, até porque isso não estava mesmo no nosso horizonte, a empresa incorporou um olhar mais amplo sobre todas as implicações do seu negócio, sua atuação e impactos, definindo inclusive um posicionamento ideológico e doutrinário", diz Gemignani.

---

[1] Redigido ao final de um seminário de dirigentes da Promon, em Campos do Jordão (SP), o documento estabelece, em oito tópicos, princípios, crenças e valores que ajudaram a "moldar" a alma da cultura da companhia.

[2] Escrito por Peter Senge, *A quinta disciplina* (1990) apresenta cinco áreas para a gestão do conhecimento: domínio pessoal, modelos mentais, visão compartilhada, aprendizagem em grupo e pensamento sistêmico – essa última, segundo Senge, engloba as demais e constitui base para as "organizações que aprendem".

A quinta disciplina ajudando a compreender o contexto do negócio

Na análise de Gemignani, o reposicionamento fez com que a companhia passasse a olhar mais atentamente para o todo de seus empreendimentos, e não apenas para mais uma de suas partes. "Na engenharia, muitas vezes a empresa é contratada para cuidar de uma parte. Sentíamos que precisávamos observar o ciclo completo, do começo ao fim. Apesar de ter especialistas, a Promon deixou de ser uma empresa de especialidades, preocupando-se menos, por exemplo, com a fundação da turbina e mais com a funcionalidade e os impactos desse equipamento. Incorporamos uma nova dimensão", lembra o engenheiro mecânico formado pela Escola Politécnica da Universidade de São Paulo e fiel discípulo de Senge.

Esse não era exatamente um pensamento revolucionário no mundo corporativo, confessa Gemignani. Mas o executivo não tem nenhuma dúvida de que a empresa foi vanguarda no Brasil, em grande medida devido à convergência entre a "maturidade intelectual" das pessoas que dirigiam a Promon e um momento muito desafiador – no campo da economia nacional, havia o malfadado Plano Cruzado, de triste memória –, que pedia mudança firme e rápida.

O estilo de liderança praticado na Promon oferece pistas concretas sobre por que a "quinta disciplina" encontrou terreno fértil na organização, ao longo de toda a década de 1980. "Nossos líderes não são do tipo comandantes, mas jardineiros, que cuidam e regam o solo para fazer germinar ideias, conceitos e ações. O olhar sistêmico nos ajuda a compreender as organizações como seres vivos, parte integrante de um ecossistema social, econômico e natural, com o qual interagem, do qual dependem e, na mesma medida, pelo qual são responsáveis. Essa compreensão, um pouco darwiniana, estava fortemente presente na organização. E não era apenas teoria. Foi exercitada na prática, a partir das situações vividas intensamente pela empresa na segunda etapa de sua existência, nos anos 1980,[3] e também na terceira, no início dos anos 1990,[4] quando entrou para valer em suas estratégias de negócio", afirma Gemignani.

---

[3] As sucessivas crises econômicas vividas pelo Brasil na década de 1980 esgotaram a capacidade de investimentos do país. Esse quadro impactou negativamente todo o setor de engenharia. Muitas empresas desapareceram.

[4] A década de 1990 representou uma importante aceleração dos ciclos de crescimento mundial. No Brasil,

Embora, como já se disse, não houvesse nenhuma ênfase à questão ambiental no universo corporativo, muito menos à compreensão que se tem hoje de sua importância, urgência e significado para a gestão de um negócio, existia na Promon – lembra – um grau de consciência libertária que se manifestava, por exemplo, na escolha de mercados com base no critério socioambiental: "Preferimos sair de setores muito poluidores. Recordo-me de uma das áreas recusar negócio porque estava ligado a projeto que envolvia chumbo".

No curto prazo, uma medida de renúncia como essa gera, é claro, um custo de oportunidade, principalmente para uma companhia como a Promon, que atua "em mercados conservadores, nos quais os contratantes determinam as demandas, e não os contratados". Mas, no médio e longo prazos, produz resultados colaterais interessantes, ainda que não mensuráveis por meio das réguas convencionais. "Há clientes que nos procuram exatamente por causa de nossa posição. Além disso, uma decisão ideológica desse nível resulta em efeito positivo, embora difícil de ser medido na forma de melhoria da autoestima, orgulho institucional, motivação, confiança e criatividade. Coerência, coesão e alinhamento são fundamentais para uma organização como a Promon. Até que ponto uma solução criativa que se encontrou em determinada situação difícil não terá vindo do fato de que o grupo estava ali entusiasmado, emocionalmente comprometido com a empresa?", pergunta-se.

O "borogodó" de uma cultura fundada na coesão

Na opinião de Gemignani, esses "benefícios" não completamente tangíveis são mais decisivos no caso da Promon, graças, sobretudo, à distribuição de poder que se opera numa empresa horizontalizada, em que todos são acionistas. Um grupo assim constituído acaba sendo, ao mesmo tempo, muito forte e muito vulnerável. Quando, por qualquer razão, as forças de coesão se enfraquecem, os elos se rompem, e os profissionais vão "cantar em outra freguesia". Eles só permanecerão na empresa – reforça Gemignani, hoje presidente do Conselho

---

houve a abertura da economia, muitas privatizações e a redução da presença do Estado em setores industriais e de infraestrutura.

de Administração da Promon – enquanto enxergarem valor no fato de estarem juntos.

Nas empresas que Gemignani classifica como "sem cultura, sem alma", as ações se sustentam no exercício contínuo e ininterrupto de alguns elementos, como dinheiro, comando e controle, ameaça e punição. No momento em que esse mecanismo se debilita, tudo acaba.

A convergência entre os valores individuais e os valores da empresa gera coesão, coesão resulta em identidade forte, identidade forte fornece as bases para uma cultura organizacional vigorosa. Segundo Gemignani, o patrimônio mais importante da Promon não é o ajuntamento de cérebros, mas a sua cultura. Dizendo-se muito influenciado pelas ideias de Edgar Schein,[5] o executivo acredita que as culturas são forjadas no enfrentamento dos objetivos e na superação das crises. "Apesar de abstrata, é ela que dá a liga. As pessoas e as tecnologias mudam, o conhecimento se transforma continuamente, mas a cultura segue firme. O que faz com que indivíduos que entraram há cinco anos estejam tão emocional, afetiva e intelectualmente comprometidos quanto aqueles que estavam aqui em 1960/1970 é esse "borogodó" que a Promon tem e que não vai acabar quando eu não presidir mais a empresa, simplesmente porque paira no ar que respiramos", brinca.

Uma prova do tempero desse "borogodó" está no fato de que valores importantes do universo da sustentabilidade não precisam ser agendados. Já fazem parte da cultura, inserem-se no inconsciente coletivo da companhia. É o caso da diversidade. Na Promon, ao contrário do que se observa em outras organizações, não foi necessário pautar a diversidade a partir de uma perspectiva afirmativa em relação a suas manifestações de gênero, idade, etnia, origem social, orientação sexual e credo religioso. Para exemplificar, Gemignani cita a presença, na equipe, de uma engenheira de 80 anos e 1,50 m de altura que tem o absoluto respeito de todos e que se impõe pela história, autoridade profissio-

---

[5] O psicólogo norte-americano Edgar Schein (1928) foi, por quarenta anos, professor da Sloan School of Management, do Massachusetts Institute of Technology (MIT). Um dos primeiros disseminadores do conceito de cultura empresarial, escreveu cerca de vinte livros, entre os quais o *Guia de sobrevivência da cultura corporativa* (2001).

nal e moral. "A aceitação da diversidade é a negação do preconceito. A Promon é uma empresa extraordinariamente aberta, com um grau de abertura para a diversidade muito grande. Noto aqui, no entanto, uma rejeição ao reacionarismo. Não são raros os casos de pessoas maduras que entram na empresa e não se adaptam, principalmente quando vêm de outras organizações muito fundadas nas relações hierárquicas, focadas em orçamentos ou em um 'pragmatismo ético'. O pensamento reacionário é malvisto. E quem o defende acaba sendo discriminado. Uma das características do reacionarismo é justamente a desvalorização do que é diverso", pondera.

Três causas: educação, gestão e sustentabilidade

Considerando os dois pilares que, junto com o econômico, caracterizam uma gestão sustentável, o primeiro movimento na Promon ocorreu no campo social, devido – como já se sabe – às crenças originais da organização. "Para nós, sempre esteve claro que o espaço de uma empresa transcende os seus limites físicos. Na condição de ser social, ela integra a vida da sociedade, influi e é influenciada pelos públicos e comunidades com os quais interage. Logo, tem responsabilidades que excedem as fronteiras econômicas. Isso é ideológico. Nossa responsabilidade social se estende também para as relações estabelecidas com os colaboradores, os clientes e as comunidades com as quais dialogamos", explica Gemignani.

De olho nessas responsabilidades, a companhia escolheu, há muito tempo, trabalhar duas causas afinadas com sua visão de mundo sustentável. Uma é a educação, e a outra, a qualidade da gestão. As duas – garante o presidente do conselho – podem ser exercidas na perspectiva da melhoria da qualidade de vida de pessoas e no encaminhamento mais competente das questões socio-ambientais que hoje afligem a humanidade. "Considero a causa da gestão mais abrangente do que isoladamente a da educação e da própria sustentabilidade. Uma companhia orientada por uma visão sistêmica, com modelo de gestão baseado na noção de que é um sistema vivo, e gestores conscientes de que ela compõe um ecossistema complexo, faz mais diferença para a sustentabilidade. Existe uma ideia, não sei se completamente verdadeira, mas hoje bastante acita, de que o problema não é a escassez de recursos para a educação, a saúde e o meio ambiente, mas a gestão ruim desses recursos", diz.

Segundo Gemignani, o engajamento na causa da gestão se deu também por um outro motivo, mais específico e pontual. Em um dos momentos de crise enfrentados pela Promon, no começo deste século, o conjunto de visões de gestão da qualidade defendidas pela Fundação Nacional da Qualidade (FNQ)[6] constituiu um elemento de mobilização para a corporação sublimar seus traumas.

Em resumo, o final da década de 1990 representou uma grave crise para a engenharia brasileira. Até meados dos anos 1980, a Promon chegou a ter 4 mil funcionários, 70% dos quais, engenheiros. Ato contínuo, veio a inflação, o mercado se retraiu, as escolas de engenharia perderam importância e o setor viveu um período de estagnação. Restaram cicatrizes desse período letárgico.

No começo do ano 2000, iniciou-se uma recuperação, mas a engenharia não estava mais preparada para dar conta dos desafios de crescimento. Foi quando Gemignani, num esforço para recompor competências da área, recorreu aos princípios de gestão de qualidade da FNQ, descobrindo na essência deles os fundamentos da sustentabilidade: "Ao mergulhar profundamente nos princípios da qualidade, observei a existência de um campo extraordinário de possibilidades. Não fui só eu que o percebi. Muitas outras empresas, como a Natura, Suzano e CPFL, fizeram a mesma leitura. As ideias de qualidade ali elencadas incorporam, de forma clara e intensa, a visão da sustentabilidade na própria definição da razão de ser das corporações. Uma gestão de qualidade é indissociável, hoje, da noção de desenvolvimento sustentável".

A sustentabilidade e as lentes regulatória, de mercado e tecnológica

Dada a urgência de incorporar a sustentabilidade aos modelos de negócio, não só do ponto de vista prático, mas também moral, Gemignani acredita que

---

[6] Criada em 1991 por 39 organizações do setores público e privado, a FNQ é uma instituição sem fins lucrativos que tem como missão desenvolver os fundamentos da excelência da gestão. Atribui anualmente o Prêmio Nacional da Qualidade.

ainda há muito por fazer. Quando olha no retrovisor, no entanto, ele se diz surpreso com os avanços da Promon, especialmente nos últimos cinco anos, com a introdução cada vez mais ativa das questões ambientais no negócio.

"Até me comove ver pessoas que há alguns anos negavam a importância e urgência do tema terem se transformado em porta-vozes entusiasmados. Já tivemos uma fase em que tudo o que fazíamos era colocar a voz no alto-falante, incentivar as pessoas, estabelecer nelas um estado de prontidão emocional e intelectual para pensar no tema. Trazíamos especialistas para dar palestras, gerar discussões. Acho que essa fase já passou. Hoje, se você perguntar a qualquer colaborador quais são as cinco prioridades da Promon, ele certamente incluirá a questão da sustentabilidade entre elas. Dependendo do grupo escolhido, é possível até que seja reconhecida como a principal prioridade da organização. Claro que ainda há resistência. Em uma empresa baseada na convivência aberta, divergências são comuns", comemora.

Na avaliação de Gemignani, a questão ambiental encontra-se nos estágios iniciais do complexo processo de transformação intelectual, espiritual, organizacional e estratégica da empresa. Para entender como a Promon a trata, é preciso antes de tudo conhecer seu modelo de atuação. A empresa tem ciclos de planejamento estratégico longos e muito participativos – diferentes dos tradicionais métodos mecanicistas –, nos quais se organiza em grupos e aprofunda debates sobre temas, sempre com o objetivo – segundo Gemignani – de inovar, empreender e, se necessário, reinventar-se.

Nessa busca pela reinvenção permanente, a empresa costuma olhar para fora, tentando entender o cenário com base em três lentes principais: a regulatória, a de mercado e a tecnológica. A partir dessa leitura, reúne o conjunto de conhecimentos que possui e se reorganiza para identificar a oferta de negócios. "Nessas discussões, o tema da sustentabilidade é hoje muito vivo e presente, seja em uma perspectiva de fora para dentro, seja de dentro para fora", conta.

Na definição do empresário, a Promon se estrutura segundo um modelo matricial. Há uma linha executiva, vertical, específica por mercado e projeto, que se orienta por buscar a oportunidade, concretizá-la e depois realizar aquilo que foi contratado. E existe uma outra, responsável por desenvolver oportunidades a partir da estrutura de conhecimento da área escolhida. São quatro blocos de conhecimentos, subdivididos em disciplinas: engenharia, gerenciamento de projetos, implantação de projetos (integração) e gestão da rede de fornecedores.

Sendo a Promon uma companhia integradora, do tipo *system engineer*, que não constrói diretamente, mas desenvolve o projeto e gerencia sua implantação, pergunto a Gemignani como a questão da sustentabilidade tem influenciado a estratégia do negócio.

"A questão da sustentabilidade é hoje, sem dúvida, o fator mais influente na formulação da estratégia da companhia. Porque ela tem determinado que nosso olhar se coloque de forma ainda mais abrangente, tanto no espaço (pela consideração de novas tecnologias, novas áreas de conhecimento e novas ofertas) quanto no tempo (determinando um exercício de planejamento de muito mais longo prazo, na verdade de dez anos). E porque a sua consideração tem nos levado, de forma muito mais frequente, intensa e objetiva, à confrontação de nossas convicções com as oportunidades de negócios que identificamos. Um caso clássico é o da solução de engenharia ideal do ponto de vista técnico, social e ambiental não ser a escolhida pelo cliente, que prefere a mais econômica na perspectiva de curto prazo, porém ambiental e socialmente inadequada. Como nos posicionar diante da questão? Recusar o projeto? Aceitar a imposição do cliente sob o pretexto de que se não fizermos outros farão? Nosso sistema participativo de tomada de decisão tem permitido que, diante de dilemas desse tipo, se desenvolvam internamente discussões amplas e profundas, e cheguemos a decisões consensuais sem conflitos. Na prática, são frequentes as situações em que nos recusamos a desenvolver o projeto se a escolha tecnológica do cliente não for a que entendermos correta. Felizmente, ainda mais frequentes vêm sendo as situações em que o cliente se mostra aberto e sensível aos nossos argumentos pela escolha tecnológica ideal", responde.

Segundo o empresário, hoje, cerca de 60% da receita da Promon está ligada a projetos de significado ambiental positivo. Isso não significa que 60% da companhia esteja dedicada a eles. "Encerrados os empreendimentos, nada garante que consigamos manter essa configuração de projetos. Dependemos da maturidade do mercado para demandar projetos ambientalmente corretos", conta.

Uma liderança baseada em profunda compreensão humana

Na avaliação de Gemignani, a abordagem sobre liderança pode ser dividida em três momentos. Na maior parte do século XX, popularizou-se a figura do grande gerente, um superprofissional capaz de articular recursos e comandar os negócios com grande energia. No fim do século, principalmente nas décadas de 1980 e 1990, surgiu o líder visionário, aquele que formula uma visão de futuro e tem a capacidade de motivar as pessoas em torno dessa visão.

Mais recentemente – crê – está emergindo, como novo perfil, um líder caracterizado por profunda compreensão humana. O líder em sustentabilidade classifica-se nessa categoria. "Claro que esse novo líder possui os elementos anteriores. É alguém com grande energia, que sabe gerenciar e motivar pessoas. Mas o tipo de sociedade para a qual estamos caminhando, e a dinâmica segundo a qual as pessoas desenvolvem suas relações e fixam seus compromissos com as causas, tem contribuído para a emergência de uma liderança muito mais enquadrada na metáfora do jardineiro a que me referi", completa Gemignani.

Nestes tempos, em que exercer controle sobre alguém ou algo tornou-se tarefa impossível, não há mais espaço – ressalta – para líderes presunçosos e arrogantes. Cabe-lhes reconhecer as dinâmicas da organização como sistema vivo e atuar no sentido de torná-las saudáveis. Seu principal desafio consiste em alimentar a cultura da empresa. Nesse esforço, que exigirá lidar com a emoção das pessoas, sua palavra precisará carregar força moral, mais autoridade moral do que poder. "As pessoas tendem a seguir aqueles que mantêm compromissos com causas relevantes, que aspiram a algo mais do que a realização financeira a partir do negócio", afirma.

Na análise de Gemignani, "aspiração" é, por sinal, uma palavra que considera fundamental no contexto da liderança para a sustentabilidade. A convite de um amigo, recentemente ele escreveu um artigo para um livro sobre gestão de carreiras. No texto, ainda sob a influência de conversas com o organizador da obra, propôs a substituição do termo "ambição" – muito comum no universo vocabular do mundo corporativo – por "aspiração". "No fundo, se você for procurar no dicionário, acho que os dois dizem mais ou menos a mesma coisa, são sinônimos. Mas as conotações são bastante diferentes. Sempre que se usa a palavra 'ambição', o conceito que emerge tem relação direta com verbos como 'ter', 'obter' ou 'conquistar'. Ambiciona-se sempre ter alguma coisa. Quando se utiliza a palavra 'aspiração', em geral deseja-se falar de outras coisas, como 'atingir', 'alcançar'. São significados diferentes do 'ter'. Na minha visão, uma carreira construída a partir do exercício de uma aspiração coloca o indivíduo numa dimensão mais elevada, na qual ele certamente terá mais chances de juntar os elementos capazes de lhe proporcionar felicidade. O sucesso profissional, hoje, pressupõe novas dimensões. Já não pode mais ser construído apenas com base na remuneração, muito menos a partir dos padrões impostos pela sociedade. Sucesso, para mim, é um conceito eminentemente pessoal, interior. Para ser bem-sucedido, é fundamental que se reconheça a vida como fazendo sentido e se viva em paz consigo mesmo. O indivíduo deve ser responsável por formular o seu próprio gabarito de sucesso, aspirando a ser, mais do que ambicionando ter", finaliza.

Esse é o mundo no qual os líderes jardineiros serão a cada dia mais recompensados.

Luiz Ernesto Gemignani

Insights	Descoberta, no ano 2000, da essência do conceito de sustentabilidade empresarial nos fundamentos de qualidade pregados pela Fundação Nacional da Qualidade
Ideias-chave	O espaço de uma empresa transcende os seus limites físicos. Na condição de ser social, ela integra a vida da sociedade, influi e é influenciada pelos públicos e pelas comunidades com os quais interage A responsabilidade social se estende também às relações com os colaboradores, os clientes e as comunidades com as quais a empresa interage Uma empresa orientada por uma visão sistêmica, com modelo de gestão baseado na noção de empresa como sistema vivo, e gestores conscientes de que ela compõe um ecossistema complexo, faz mais diferença para a sustentabilidade Confluência entre valores individuais e valores das empresas gera coesão, que resulta em identidade que ajuda a criar cultura
Desafios	Convencer os clientes de que as soluções sustentáveis são as melhores, apesar do seu custo de implantação
Estratégias	O tema da sustentabilidade é presença viva nos ciclos de planejamento da empresa, normalmente longos e muito participativos
Perfil do líder em sustentabilidade	Precisam ser jardineiros, e não comandantes, para cuidar do solo no qual germinam ideias, conceitos e ações Ter olhar sistêmico para compreender que as organizações dependem do meio e são responsáveis por ele Profunda compreensão humana Mais autoridade que poder Palavra precisa ter força moral Coerência Mais aspiração que ambição Reconhecer as dinâmicas da organização como sistema vivo, e atuar para torná-las saudáveis

Franklin Feder

UM LÍDER DE OUVIDO ATENTO

Em 1994, Franklin Feder era diretor financeiro da Alcoa no Brasil. Convocado a opinar sobre a criação de um parque ambiental em São Luís (MA), estado onde a empresa mantém uma mina de bauxita, ele foi taxativo. "É uma loucura botar 400 mil dólares nesse projeto. Não vejo razão concreta para fazermos isso", disse ao presidente da companhia na época, Fausto Moreira.[8]

"Ainda bem que o presidente era mais inteligente do que eu", lembra Feder, bem-humorado. Moreira recusou o conselho técnico-financeiro, refletiu com base em suas próprias convicções e decidiu investir no Parque Ambiental Alumar, de 1,8 mil hectares. "Hoje tenho o maior orgulho desse projeto", resigna-se o atual presidente da Alcoa, empresa que começou a operar no Brasil em 1970, na região de Poços de Caldas (MG).

> UM DOS ATRIBUTOS DA LIDERANÇA É A DISPOSIÇÃO PARA ACEITAR RESPONSABILIDADES. UM LÍDER DEVE TER UM IMPULSO PARA EXERCER INICIATIVA EM SITUAÇÕES SOCIAIS. AVANÇAR QUANDO NINGUÉM MAIS O FAZ.
>
> John Gardner,[1]
> *On Leadership.*

---

[7] John W. Gardner (1912-2002) foi professor de consultoria da Stanford Business School, secretário de Saúde, Educação e Bem-estar do governo Lindon Johnson (1965-1968) e presidente da Carneggie Corporation (1955-1965), da Common Cause (1970-1977) e do Independent Sector (1980-1983, pp. 48-53).

[8] Fausto Moreira foi presidente da Alcoa para América Latina entre 1994 e 2001.

A atitude de Feder reproduzia uma mentalidade dominante no período pré-responsabilidade social empresarial: ainda que compensatórios, os investimentos de empresas em conservação ambiental eram vistos como fora do âmbito dos negócios, sendo, portanto, responsabilidade pública, e não privada. Não podiam ser justificados como investimento do ponto de vista do planejamento econômico na medida em que não geram retorno financeiro para a empresa, apenas despesas. E isso deixava os acionistas ressabiados. Parecia dinheiro jogado fora.

"Fomos treinados a pensar assim na escola de negócios, e também na vivência dos mercados. Como os médicos, nos moldamos para sermos durões", admite. O processo de "destreinamento" de Feder começou a ocorrer em algum momento entre 1999 e 2005, quando ele trabalhava no escritório da matriz da Alcoa, nos Estados Unidos. Mas, de fato, ganhou corpo em seu retorno ao Brasil, a partir do momento que classifica como a "mágica" confluência entre os valores da companhia e os seus valores pessoais.

"Tive a sorte de voltar num momento em que a empresa desejava se expandir no país. Ao chegar aqui, percebi que a sociedade, mais exigente quanto às questões socioambientais, já cobrava outro comportamento e que era necessário, portanto, mudar o jeito de conduzir os negócios. Havia muitas ONGs atuantes. E também uma nova consciência de participação. Para mim, esse momento, muito importante, representou o encontro do caminho da empresa com a minha história, com as minhas convicções pessoais sobre o jeito certo de fazer as coisas, com a tradição mesma da Alcoa em sua trajetória no Brasil", conta.

Gestor de empresa com cabeça de sociólogo

Um dado peculiar da história de Feder é que ele talvez seja um dos poucos executivos de grandes corporações globais a ter cursado ciências sociais.[1] Em 1968, o atual presidente da Alcoa ingressou em administração de empresas na

---

[1] José Luiz Alquéres – ex-presidente da Light, e também personagem deste livro – é outro alto executivo que estudou ciências sociais.

Fundação Getúlio Vargas. Um ano depois, em meio à efervescência política de 1969 e achando que havia vida inteligente fora das cartilhas de economia e contabilidade, decidiu cursar ciências sociais na Universidade de São Paulo (USP). Era um tempo de guerra no Vietnã. E Feder, por ser cidadão norte-americano, vivia sobressaltado com a ideia de receber a qualquer hora uma carta de convocação para se alistar no Exército dos Estados Unidos.

Por isso, mergulhou nos estudos em dois períodos e em dois cursos diferentes. Não saiu com o canudo de sociólogo da USP, é verdade. Mas na universidade, além de conhecer a mulher com quem se casaria, acrescentou à sua formação uma visão de mundo mais ampla, segundo a qual pessoas não são menos importantes do que números. "Essa combinação de conhecimentos foi fundamental para definir o que sou e o que penso. Sempre tive, entre as minhas crenças, a de que não dá para ser uma empresa rica em uma comunidade pobre. É um ensinamento que procuro transmitir aos meus colaboradores", ressalta, fazendo referência a uma célebre frase do ex-secretário-geral da ONU, Kofi Annan.[2]

Indagado sobre o que mudou em dez anos no modo de pensar do diretor financeiro, que, por convicção, foi contra um investimento ambiental, Feder, mais introspectivo, ajeita uma breve pausa para reflexão. "Provavelmente foi a passagem do tempo e as muitas observações que fiz quando morava fora do Brasil. Fiquei mais maduro, passei a compreender melhor as demandas de um novo tempo e de novos valores. Marcou-me, por exemplo, o fato de que a Alcoa não seguia nos Estados Unidos o mesmo caminho mais responsável, adotado no Brasil, seja em relação às questões ambientais, seja no que se refere às sindicais. Por causa disso, a empresa vivia enfrentando situações de conflito e tensão. Reforçou-me a convicção de que projetos como os que a companhia implanta só podem dar certo se tivermos a capacidade de ouvir, dialogar e interagir, em alto nível, com todos os públicos impactados por eles", responde.

---

[2] O diplomata ganense Kofi Atta Annan (1938) foi o sétimo secretário-geral da ONU entre 1997 e 2007. Recebeu o Prêmio Nobel da Paz em 2001.

A adoção de um novo patamar de aspirações – ou a injeção de valores novos nas tomadas de decisão – não quer dizer, segundo Feder, abrir mão da análise "factual, objetiva e concreta" nas decisões de negócio, razão pela qual os princípios econômicos seguirão, obviamente, definindo o norte para as empresas. Significa apenas que ela precisa se casar com a avaliação de impactos sociais e ambientais. O que, no passado, era visto como custo transformou-se em investimento. E o que era risco à imagem e à reputação passou a ser encarado como oportunidade de fazer negócios em sintonia com o desenvolvimento da sociedade, e não contra ela.

A ideia, antes razoavelmente bem aceita, de que bom negócio é o que produz dividendos para os acionistas, renda para os trabalhadores e impostos para os governos, começou a se mostrar imprecisa a partir da segunda metade dos anos 1990. "O melhor modelo de gestão é o que conjuga a análise econômico--financeira, sempre muito objetiva, com a paixão e, acima disso, a ética e a moralidade. Não dá mais para se pensar, como no passado, apenas no factual e concreto, porque isso é incompleto. Todo líder tem a responsabilidade de tornar a sua organização crescentemente rentável e próspera, mas a própria ideia de prosperidade mudou bastante. Ele precisa sonhar com a possibilidade de um mundo melhor, mais ético, mais justo e de um planeta mais saudável. É o que todas as pessoas desejam. E as empresas não podem estar acima desse desejo, sob o risco de perderem legitimidade para atuar", explica o executivo.

Do topo à base: o desafio de transmitir a mensagem e criar cultura

Para Feder, sustentabilidade é um misto de responsabilidade ambiental, justiça social e sucesso econômico. Hoje, segundo ele, o tema está no topo de sua agenda e no discurso, para dentro e para fora da empresa, sob o *slogan* "Sustentabilidade é a nossa natureza". Mais importante – crê – do que disseminá-lo no mercado é fazer com que chegue, firme, claro e compreensível, ao "operador da sala de cuba" de uma fábrica de alumínio.

A rigor, a mensagem só terá sentido externamente, gerando valor para a companhia, se antes for incorporada pelo trabalhador do "chão da planta industrial" e, mais do que isso, transformada em prática cotidiana. "Claro que cabe ao líder começar o processo de sensibilização. Ao papel de porta-voz ele precisa se dedicar com firmeza de propósito. Mas, se o discurso não for replicado na ponta da linha, acaba vazio, perde força. Pouco adianta o presidente anunciar, de seu escritório na cidade de São Paulo, uma meta de corte de emissões de carbono na produção se o operador não colocar corretamente a tampa na cuba", diz. "Não se converte a sociedade, antes de converter o pessoal da sua paróquia ou sinagoga."

Fazer fluir a mensagem do topo à base é um dos desafios cotidianos de Feder na Alcoa. Todos os anos, ele reúne os líderes da empresa para reforçar os compromissos socioambientais. Recente pesquisa interna revelou uma boa aceitação, por parte do quadro de colaboradores, do recado da sustentabilidade. No entanto, simpatia à ideia não significa necessariamente adesão irrestrita, até porque os "alcoanos" brasileiros pensam e agem como os brasileiros de modo geral. E os brasileiros, segundo estudos recentes, estão entre os mais sensíveis às questões de sustentabilidade, mas também entre os menos dispostos a fazer mudanças em seu estilo de vida para contribuir, por exemplo, com a redução do aquecimento global.

Ao contrário de outros países, especialmente os europeus, persiste aqui um vício de minimizar as responsabilidades individuais diante das responsabilidades de empresas e governos. É como se o problema nunca fosse nosso. "No corre-corre pela sobrevivência, no embate para morar melhor, educar bem os filhos e tocar a vida cotidiana, nossos colaboradores reagem às responsabilidades ambientais como a maioria da população. Acham importante, claro. Mas tendem a considerar que isso é um problema do gerente, do presidente e dos acionistas da empresa. E não deles. Nosso desafio tem sido convencê-los de que cada um tem parte importante de responsabilidade no sucesso de todo o processo", diz.

A rica experiência de Juruti

Na avaliação de Feder, a companhia está se saindo bem na condução do tema, embora, como líder, ele desejasse andar mais rápido e melhor. No mundo, o exemplo mais bem-acabado do esforço da Alcoa rumo a um padrão sustentável de produção fica no município de Juruti, situado à margem direita do rio Amazonas, no oeste do Pará. Ali, numa região com um dos mais baixos índices de desenvolvimento humano (IDH) do país,[3] a empresa vem construindo, no âmbito de um projeto denominado Juruti Sustentável, o que classifica como "novo paradigma de desenvolvimento para a região da Amazônia e a experiência de produção de bauxita mais sustentável do mundo".

A reserva de bauxita de Juruti – estima-se – está entre as maiores do mundo, com capacidade para setenta anos de exploração. Ao chegar em 2005 àquela pequena cidade, com 35 mil habitantes, 60% dos quais em comunidades rurais, a Alcoa decidiu apostar num modelo de produção socioambientalmente mais responsável, que evitasse deixar o rastro de devastação, normalmente associado aos empreendimentos de mineração de um passado não muito distante: ocupação agressiva, deterioração de ecossistemas e imposição de riscos sociais, como distribuição desigual de riqueza, pressão por moradia e serviços públicos, aumento dos índices de violência, de doenças e de gravidez precoce.

O primeiro passo foi envolver a comunidade local no projeto, tornando-a corresponsável por ele. Como medida inicial, criou-se um conselho com representantes da sociedade civil, governo e empresas locais com o objetivo de definir prioridades de investimento para a região. Em seguida, convidou a Fundação Getúlio Vargas para ouvir a comunidade e elencar os indicadores socioambientais que serviram de norte ao modelo de desenvolvimento proposto.

Em 2009, a companhia lançou o Fundo Juruti Sustentável, elaborado e administrado pelo Fundo Brasileiro para a Biodiversidade (Funbio), e destinado a financiar iniciativas que melhorem as condições ambientais e a qualidade de vida da população. Tanto zelo assim se explica pela necessidade, hoje cada vez mais valorizada por um número crescente de empresas, de criar vínculos mais fortes com a comunidade.

---

[3]   IDH de 0,63, segundo Pnud-2000. O PIB do município de Juruti é de 69,7 milhões de reais (IBGE-2005) e o PIB *per capita*, de 1.926 reais (IBGE-2005).

"Juruti é uma pacata cidade que vive basicamente de atividades de agricultura de subsistência. Então chegamos nós, com 2 bilhões de dólares na carteira e 12 mil homens deslocados para a construção da planta. Imagine o estrago potencial que pode acontecer. Um projeto desses não tem a menor chance de dar certo se a comunidade local não sentir confiança e se apropriar dele. É um projeto perfeito? Não, claro que não. Mas estamos procurando, dentro de nossas imperfeições, conduzi-lo junto com as pessoas a partir de um diálogo franco, em que reconhecemos os impactos, mas demonstramos com atitudes, e não só palavras, nossa vontade de minimizá-los", completa Feder.

Sobre humildade, empatia e tolerância: lições que não se aprendem na escola de negócios

Pesquisa de opinião pública contratada pela empresa ao Ibope mostra que 90% das pessoas são favoráveis ao empreendimento. Os 10% contrários à presença da mineradora contestam, fazem barulho e colocam à prova sua capacidade e a de seus líderes de ouvir, ponderar e estabelecer diálogo sereno. A conversa, nunca fácil, na maioria das vezes ocorre de forma tensa e desgastante, em tom duro e intimidatório, como se as partes estivessem em campos opostos de um ringue.

Mais do que uma lição de gestão, Feder considera a experiência de Juruti até aqui uma aula completa de liderança. E liderança pressupõe ação orientada por valores como a humildade, entre outros – uma virtude socrática quase sempre associada, de maneira equívoca, à fraqueza no mundo corporativo. "Partimos para esse empreendimento sabendo pouca coisa a respeito da realidade da região. Aprendemos um pouco mais todos os dias. Erramos muito também. E mudamos caminhos para alcançar o equilíbrio entre o que a empresa deseja e o que é bom para as pessoas e o meio ambiente. Apesar de termos obtido licença ambiental para o desmatamento de 1.500 hectares, devemos encerrar o projeto com menos de 800 hectares. Isso só ocorreu porque optamos por dialogar, estabelecer canal de comunicação e engajar *stakeholders* desde o início", explica.

Executivos, de modo geral, têm enorme dificuldade em se colocar nos sapatos do outro. Isolados na sua função – não por acaso, muitos alegam sentir-se mais solitários do que um eremita no Saara – e conscientes dos pesados encargos atribuídos por seus superiores, eles vivem mais orgânica e intensamente os negócios do que a maioria dos mortais. A convicção de que o empreendimento resultará em benefícios econômicos costuma, portanto, ser muito mais forte do que os possíveis impactos negativos que ele provocará.

Na mão contrária, Feder tem procurado exercitar a empatia: "Visito sempre Juruti e consigo me lembrar de como era a cidade antes de nossa chegada. Sei que estamos levando desenvolvimento sustentável. Mas procuro me colocar no lugar de alguém com 60 ou 70 anos, que vive lá uma vida pacífica, invadida de repente por uma empresa como a Alcoa. Isso gera medo, claro. Certamente, muitas pessoas não estão interessadas na Alcoa nem nesse tal desenvolvimento sustentável. E precisamos lidar com o fato de que não somos unanimidade".

Em pelo menos dois momentos, Feder viu sua fé sofrer abalos em Juruti, apesar dos corretos fundamentos socioambientais do projeto e dos cuidados de gestão que a empresa admite ter tomado desde que desembarcou na cidade. A primeira vez foi logo no início de 2007, quando houve uma ameaça de invasão do canteiro de obras. Um grupo hostil ao empreendimento cogitava botar fogo no local. Literalmente. Outra vez foi em janeiro de 2010, em que a tensão também alcançou outro pico de ebulição, rapidamente contornado. "Nas escolas de negócios, não somos preparados para lidar com a diversidade de opiniões, muito menos com manifestações contrárias aos interesses da empresa. Só existem os negócios e nada mais. Não somos capacitados para ouvir o outro. E ouvir é uma competência fundamental para um líder nesses tempos de sustentabilidade", conta. O segredo do "líder que sabe ouvir", segundo Feder, é a tranquilidade de "estar fazendo a coisa certa", de não esconder nenhuma segunda intenção, de aceitar a transparência como nome do novo jogo. "Tenho imenso carinho por esse projeto. Por isso, me dói pessoalmente quando, por alguma razão, ainda que involuntária, não conseguimos fazer a coisa certa", confessa.

Líder que é líder "aponta a direção, sai da frente e aplaude"

Sempre que está começando a se enroscar demasiadamente com os problemas de Juruti, Feder se lembra de uma rápida conversa de elevador que teve, em 2004, com Paul O'Neill,[4] executivo que antecedeu o brasileiro Alain Belda na presidência da empresa. Já aposentado, sabendo que Feder retornaria ao Brasil, o homem arriscou transmitir-lhe uma lição de vida: "Franklin, sabe qual é o papel do líder? É apontar a direção, sair da frente e ficar aplaudindo". "Esse ensinamento", explica Feder, "é de enorme sabedoria", afinal de contas, "Juruti fica a quase 4 mil quilômetros de São Paulo. O que posso fazer é apontar os caminhos, definir expectativas e métricas, garantir uma gestão sustentável, com princípios e valores claros. No mais, preciso achar maneiras de liberar a energia positiva que todos carregamos dentro de nós. Não preciso ser tão inspirador quando proponho aos alcoanos realizar um empreendimento justo e responsável em Juruti. Todo mundo te segue porque compreende e concorda com as intenções".

Já quase no final da nossa conversa, tentando sintetizar as ideias discutidas, pergunto-lhe como deve pensar e agir um líder em sustentabilidade. Franklin estica três dedos e os põe sobre a mesa, em sinal de que não quer deixar nenhuma dúvida sobre o número de atributos que distinguem esse novo perfil de liderança: "Em primeiro lugar, deve ter a firme convicção de que no mundo de hoje e também no de amanhã, a capacidade de sobrevivência de uma organização dependerá de sua habilidade de interagir com as diversas partes interessadas. A partir dessa convicção, uma segunda característica é cultivar uma habilidade cada dia mais rara: saber escutar. A escuta abre o ato de dialogar, justamente a terceira característica. O grande desafio em organizações grandes e complexas, como a Alcoa, consiste em fazer com que convicção firme, escuta ativa e vontade de diálogo sejam um compromisso de todos".

---

[4]   Depois de presidir a Alcoa entre 1987 e 1999, Paul Henry O'Neill (1935) aposentou-se no ano 2000. Logo depois, foi chamado para ser secretário do Tesouro dos Estados Unidos na gestão de George W. Bush. Deixou o poder público em 2002, após discordar de medidas tomadas pelo governo.

Franklin Feder

Insights	Confluência entre seus valores individuais e os valores da companhia Constatação de que a empresa enfrentava tensões e conflitos nos Estados Unidos, por não ter as mesmas preocupações socioambientais que manifestava no Brasil Aprendizado permanente sobre humildade, empatia, escuta ativa e convivência com opiniões diversas
Ideias-chave	Não dá para ser uma empresa rica numa comunidade pobre Projetos como os da Alcoa só podem dar certo se a empresa tiver a capacidade de ouvir, dialogar e interagir; se as comunidades se apropriarem deles Nenhuma empresa pode estar acima do desejo da sociedade por um mundo mais justo e um planeta mais saudável, sob o risco de perder legitimidade de operar
Desafios	Fazer o discurso da sustentabilidade chegar, firme e claro, no chão da planta industrial Vencer a resistência dos colaboradores em mudar hábitos e assumir responsabilidades individuais pelas práticas de sustentabilidade
Estratégias	Inserção do tema no topo da agenda Comunicação permanente para fazer fluir a mensagem do topo à base Criação de canais de comunicação e relacionamento eficazes com as comunidades nas quais a empresa tem operações Contribuição, na forma de investimento concreto, para o desenvolvimento sustentável da região onde a empresa está instalada
Momentos marcantes	Chegada em Juruti, no Pará, em 2007 Ameaça, em 2007, de invasão do canteiro de obras por grupo contrário ao empreendimento Lançamento, em 2009, do Fundo Juruti Sustentável
Perfil do líder em sustentabilidade	Convicção de que a sobrevivência de uma empresa depende de sua capacidade de interagir com as partes interessadas Saber escutar Ter gosto pelo diálogo

Alain Belda, uma fonte de inspiração

Sem ser incitado a dar exemplos de líderes sustentáveis, Franklin Feder tomou a iniciativa de apontar aquele que, em sua opinião, representou uma influência decisiva em seu pensamento sobre sustentabilidade: Alain Belda. Ao longo da entrevista, o nome de Belda, ex-CEO e ex-presidente do Conselho Deliberativo da Alcoa, aposentado em meados de 2010, surgiu em pelo menos três oportunidades. Com o ex-chefe, Feder admite ter aprendido a conferir o devido peso aos impactos socioambientais na gestão do empreendimento.

Apontado como líder formador de líderes, o próprio Belda, 41 anos de vida dedicada à Alcoa, explicou que sua relação com o conceito de sustentabilidade, iniciada em 1970 – com a chegada da companhia ao Brasil –, tem a ver com as características bastante peculiares da atividade de mineração: "O nosso negócio é de longo prazo. Não é como um empreendimento de eletroeletrônicos, que abre hoje e muda em seis meses para Cingapura. Ficamos num mesmo lugar por cem anos. Então aprendemos a pensar diferente. Sustentabilidade, para nós, significa a autorização da sociedade para operar a partir da compreensão, percebida e não imposta, de que os benefícios gerados pelo empreendimento compensam os impactos que ele traz".

A noção de longo prazo, intrínseca ao negócio da mineração, admite Belda, resultou num nível de responsabilidade muito maior da companhia. Quando chegou ao Brasil, a Alcoa poderia ter usado em Poços de Caldas (MG) o mesmo modelo – extrativista e sem culpa – praticado pelo setor como um todo: identificava o mineral, arrancava as árvores do solo, extraía "até a última gota de bauxita" e se mudava para o campo seguinte, deixando no local uma paisagem quase lunar. Essa era a prática nos Estados Unidos. Ninguém achava isso errado.

O *insight* para a mudança veio após conversa, na década de 1970, com o norte-americano Joe Bates, na época vice-presidente internacional da Alcoa e superior imediato de Belda. Provocado por um político, Bates passou a viver assombrado pela ideia de legar aos Estados Unidos imensas áreas completamente devastadas. Decidiu, então, que o melhor a fazer era consertar o problema, e não empurrá-lo para o futuro, sob pena de ser demonizado pelas gerações de seus netos e bisnetos. "Daquela conversa em diante", afirma Belda, "começamos a investir em terraplenagem e recuperação dos terrenos minerados". Tal atitude – lembra – "não foi bem-vista à época pelos concorrentes. Acharam que estávamos acrescentando custo ao negócio. Na realidade, aquele tipo de mineração preventiva representava uma antecipação do modo como a atividade viria a ser feita no futuro. Resolver na frente é sempre melhor do que resolver depois. É mais econômico prevenir do que ter de pagar no futuro pelo estrago, e ainda sob a força de uma lei".

Na visão de Belda, a companhia aprendeu muito sobre sustentabilidade entre os anos 1970 e 1990. Especialmente sobre a sua relação com a natureza e com as comunidades. "Nos anos 1970, o ato simbólico de inauguração de um empreendimento consistia em derrubar uma última árvore para sinalizar a chegada do progresso econômico. E todo mundo achava o máximo. Quando inauguramos a fábrica de São Luís do Maranhão, decidimos plantar uma árvore como emblema de nossa chegada", ilustra.

Os exemplos de aprendizagem não param por aí: "Ao chegarmos a São Luís, lembro-me de que precisamos levar um exército de profissionais para trabalhar na construção e, depois, na operação da planta industrial. Como não havia local para acomodá-los, erguemos uma vila para nossos engenheiros e colaboradores, destacada da cidade. Em Juruti, decidimos que nosso pessoal não moraria isolado, mas na comunidade. Que não haveria uma escola para os filhos dos funcionários, mas que melhoraríamos a escola de todos". Na opinião de Belda, morar na comunidade faz com que os alcoanos se integrem à cultura local. Vivendo e sentindo como um jurutiense, eles estão mais próximos para compreender o que pensam e querem os habitantes locais.

Que peso tem hoje a sustentabilidade no discurso da Alcoa para a sociedade? De acordo com Belda, o tema está na proposição de valor da empresa: "Cada decisão que tomamos observa esse valor. Cada comunicação que fazemos o considera dentro do contexto mais amplo do nosso negócio. Especialmente para o funcionário. A coisa mais difícil para as pessoas é entender por que fazem o que fazem. É nossa obriga-

ção contextualizar a sustentabilidade no conjunto de valores e práticas dos quais a empresa não abre mão".

Na condição de formador de líderes, principal referência na trajetória de Feder, entrevistado deste capítulo, pergunto a Belda que atributos precisa ter um líder em sustentabilidade. "Coerência, integridade, transparência e boa capacidade de comunicação. Não dá para um líder dizer uma coisa e fazer outra. Acho que o mundo vive uma grave crise de confiança. E se o executivo não souber prestar contas, ouvir com atenção, olhar nos olhos, conversar e estabelecer diálogo interessado, fica impossível liderar. Aos meus liderados, sempre disse que não ganhamos a vida na Alcoa, mas fazemos a vida na Alcoa. Então precisamos ser aquilo que somos. O colaborador compra o líder pelo que ele é e traz. E não por estar num cargo de chefia", responde.

Paulo Nigro

O BOM RECICLADOR AO PLANETA RETORNA

No final de 1997, Paulo Nigro, vice-presidente da Tetra Pak no Brasil, recebeu um telefonema de seu chefe, o presidente das Américas, convidando-o a assumir a presidência da operação no Canadá. Na verdade, mais do que um convite, ele estava sendo mesmo convocado para redirecionar a empresa naquele país.

Àquela altura, uma empreitada do tipo "vai ou racha" só poderia ser encarada por um executivo brasileiro, afinal, eles são conhecidos em todo o mundo pelo jogo de cintura – a habilidade de lidar com "saias justas". Do contido chefe, ouviu a seguinte proposta: "Veja o que você pode fazer. Se não der certo, em dois ou três anos, encerro as atividades no Canadá e lhe arrumo emprego em algum outro lugar. Se você, no entanto, encontrar uma chance de recuperar o mercado, darei todo suporte de que precisar".

Como convocação de chefe não se discute, atende-se, Nigro topou o desafio olimpicamente. Considerando-se, claro, preparado para a tarefa, sabia que se descascasse o espinhoso abacaxi canadense subiria alguns degraus na carreira.

> O NOBRE NÃO DÁ UM PASSO QUE NÃO SIRVA O TEMPO TODO DE EXEMPLO; SEU COMPORTAMENTO PODE SEMPRE SER TOMADO COMO REGRA GERAL, E SUAS PALAVRAS PONDERADAS PODEM SER CONSIDERADAS A NORMA ACEITÁVEL.
>
> Confúcio (*c.* 551-479 a.C.)

Bastaram quinze dias para ele tomar o pulso da situação da Tetra Pak no Canadá. O complexo nó era de natureza ambiental. Aconselhado por sua gerente de meio ambiente, o recém-chegado presidente ligou para o diretor da área de gestão de resíduos da cidade de Montreal, situada no sudeste do Canadá. O contato – lembra – não foi nada cordial. Irritado, o homem do outro lado da linha não perdeu tempo com mesuras e apresentações, disparando o que lhe incomodava: "tenho dezenove *containers* apodrecendo há dois anos num armazém aqui na cidade. Quero saber qual é o seu endereço porque amanhã mesmo vou mandar essa carga para você".

De nada adiantaram os apelos feitos por Nigro de que estava apenas desembarcando no comando da empresa e que, como seu escritório era numa torre de cristal no centro de Toronto – a maior cidade do Canadá, situada no sudeste do país –, não poderia receber o inconveniente conteúdo dos *containers*. O homem mostrava-se impassível. O máximo que aceitou foi, a pedido de Nigro e com o compromisso jurado de uma solução efetiva, adiar a remessa em alguns dias.

Nos *containers* havia toneladas de embalagens usadas da Tetra Pak. A bronca do homem era mais do que justa: no passado, a companhia havia solicitado ao sistema de coleta seletiva da cidade que incluísse suas embalagens sob a promessa de dar a elas uma destinação útil. Não se tratava de uma obrigação apenas da Tetra Pak. Do mesmo esforço participava uma organização local, à qual cabia desenvolver uma solução chamada *plastic lumber*, uma espécie de "madeira plástica" que pode levar em sua composição as embalagens recicladas da companhia sueca.

Uma boa ideia, sem dúvida, não fosse o inoportuno fato de ser financeiramente inviável, gerando prejuízo então bancado pela Tetra Pak. "Não era um empreendimento sustentável. Longe disso. Pouco antes de eu chegar ao Canadá, o empreendedor desistiu, a companhia parou de botar dinheiro e o negócio desmontou. A embalagem coletada não tinha mais para onde ir", lembra Nigro. A situação atingira um ponto crítico: ou a empresa resolvia o problema, ou seria banida do sistema público de coleta seletiva, com sério prejuízo para a imagem e a reputação da companhia. Na província canadense de Colúmbia Britânica, as embalagens da Tetra Pak estavam sendo encaminhadas para um

sistema de armazenamento caro e desestimulante. Em outra cidade canadense, a embalagem já tinha sido proscrita.

Diante do risco iminente de perder o ambiente para negócios no país, Nigro abriu mão de seus agressivos planos de venda, virou a agenda de ponta cabeça e decidiu começar pela pendenga ambiental. Rapidamente, estabeleceu o tema como primeiro critério de sucesso para a operação canadense. A situação pedia, afinal, uma força-tarefa urgente.

Olhando para trás, o executivo tem certeza de que, se não tivesse dado prioridade à questão ambiental, a companhia não estaria mais no Canadá. Às pressas, em questão de três dias, ele convocou um especialista brasileiro em gestão de resíduos para participar de uma reunião de trabalho em Vancouver, cidade da costa oeste do Canadá. Daquele encontro, começou a nascer a primeira recicladora do Canadá, em Toronto. A empresa investiu em equipamentos, firmou parcerias locais, atraiu os melhores desenvolvedores de tecnologia. Em pouco tempo, com menos recursos do que imaginava investir, a Tetra Pak passou a reciclar embalagens nos dois extremos do país.

As críticas diminuíram – lembra – à medida que a empresa foi demonstrando poder de reação e interesse legítimo em solucionar o problema. "Ali não dava para adotar um discurso vazio para apagar incêndio. Estávamos sob pressão, com a opinião pública contrária. O Canadá é um país muito preocupado com a gestão de resíduos. Ou a lição de casa era feita, ou pereceríamos", afirma.

Nesse caso, a lição parece ter sido bem-feita. No início de 1998, o presidente lançou um plano denominado "2 por 2002", cujo objetivo era dobrar o tamanho da companhia no Canadá até o ano-limite. A meta foi alcançada doze meses antes. Gol de Nigro. Já reconhecido como um executivo "ambientalista", com fama de bom de briga, ele acabou credenciado para presidir a operação da empresa na Itália, antes de retornar ao Brasil.

Curioso sobre a ameaça de mandar os dezenove *containers* para a sede da Tetra Pak, feita pelo dirigente da área de resíduos de Montreal, pergunto a Nigro se o homem teve coragem de cumpri-la ou era apenas uma bravata para forçar uma atitude rápida da empresa.

"Mandou sim, claro", responde. E que destino ele deu à desagradável enco- menda? Segundo o presidente, o episódio virou um capítulo especial no folclo- re da companhia. "Não tendo, à época, nenhum reciclador nos Estados Unidos, os *containers* saíram de Montreal direto para a Suécia, do outro lado do Atlân- tico. O custo da operação foi alto, mas não havia outra forma de resolver a questão naquele momento. Hoje a Tetra Pak Canadá é uma empresa sólida, de vanguarda. E isso só foi possível por causa da ênfase à pauta ambiental", diz.

Duas influências: a força do gene sueco da sustentabilidade e o legado paterno de infância

A experiência canadense foi definitiva no aprendizado de Nigro. Dela em diante, a questão ambiental passou a ser prioridade em sua estratégia de gestão da empresa. Por duas razões. Primeira, porque, bem-cuidada, representa opor- tunidade e não risco. Segunda, porque reflete um valor presente no gene sueco da Tetra Pak desde a sua concepção em 1951, na cidade de Lund.

Nigro aprendeu muito cedo que o respeito ao meio ambiente é uma marca impregnada na cultura daquele país. Antes de ingressar na Tetra Pak, em 1991, e depois de passagens pela área comercial da Philips e da Goodyear, o enge- nheiro mecânico trabalhou por cinco anos na filial brasileira de uma empresa sueca chamada AGA. Lá teve o seu primeiro *insight* sobre a importância da sustentabilidade aplicada ao negócio. Sueca como só os suecos conseguem ser, ela nasceu como tantas outras empresas nórdicas, de um invento: o acetileno.

Fundada há 120 anos por Gustaf Dalen, Prêmio Nobel de Física, a AGA co- meçou suas atividades fabricando o gás utilizado para manter por longos pe- ríodos a luz dos faróis de sinalização de navios. Na função de engenheiro, cabia a Nigro desenvolver aplicações industriais utilizando os gases do ar (fonte reno- vável) para reduzir o consumo de combustível. Nos dois meses em que morou na Suécia a serviço da AGA, juntou lições suficientes para toda uma vida.

A conservação ambiental – ressalta Nigro – está na veia daquele pequeno país. Até hoje, seu principal produto vem da floresta. A exportação dos produ- tos florestais, na forma de papel e celulose, ou de madeira, representa a principal fonte de geração de riqueza. Lá, quando se planta uma árvore, a expectativa é de que o resultado econômico só venha a ser usufruído oitenta ou noventa anos mais tarde pelos netos e bisnetos dos que lançaram sua semente. Isso explica por que, diferentemente de outros países mais apressados, a preservação transformou-se em dado cultural naquele frio país escandinavo.

Outro fator decisivo na formação "ambientalista" do engenheiro foi a educação paterna, que exerceu influência indelével. Com o pai, aprendeu a empreender e reciclar ainda menino, aos 8 anos de idade. Mais do que isso, Nigro descobriu, entusiasmado, que o produto da reciclagem poderia gerar retorno financeiro. "Meu pai trabalhava em obras e me levava nelas aos finais de semana. Com um capacete na cabeça, eu subia com ele até o último andar, naqueles elevadores de obra civil. E, depois, descia catando os pedacinhos de cobre e de fio que sobravam, e formava pequenos fardos. Quando chegava em casa, colocava-os dentro de uma lata de tinta cortada, recolhida também na obra, e tocava fogo em baixo. Naquela pequena caldeira, o plástico derretia e sobrava só o cobre. Então, ao final do trabalho, meu pai me pegava pela mão e me levava a um depósito de ferro-velho, onde o vendia. O dono me pagava uma grana boa por aquele material", lembra.

Nigro não parou no cobre. Empreendedor precoce, observando que jornal também tinha valor para o proprietário do ferro velho, passou a recolher as sobras de papel no condomínio em que passava férias no Guarujá (SP). "Sempre fui um reciclador, desde criança, e não sabia", diverte-se.

O templo com três colunas que viraram duas

Para fazer a mensagem da sustentabilidade chegar à base da Tetra Pak, evitando que seja tomada apenas pelos seus aspectos ambientais, Nigro vem recorrendo à metáfora de um templo, comum na empresa desde o ano de 2000, quando, por ocasião do lançamento de uma nova plataforma de princípios e valores, se iniciou o que ele classifica como uma grande revolução cultural na companhia sueca. "Quando os gregos e romanos construíram seus templos, eles estavam pensando em fazer com que seu gênio criativo e o conjunto de técnicas aplicadas àquelas edificações atravessassem séculos e gerações. Desejavam perpetuar sua mensagem", diz. E só o conseguiram – destaca – porque suas obras foram sustentadas por colunas fortes e equilibradas.

Na Tetra Pak, o "templo" da sustentabilidade se escora, a princípio, em três colunas. A primeira é, obviamente, econômica. Para ser sustentável, uma empresa precisa dispor de processos, produtos, tecnologias e pessoas capazes de proporcionar lucro para reinvestir os resultados econômicos, estabelecendo uma espiral positiva de desenvolvimento, ao longo dos anos. As outras duas – ético-social e ambiental – foram mais recentemente fundidas em uma só. "Resolvemos dar um passo adiante", explica. Em sua opinião, quando uma empresa atua em sintonia com a preservação do meio ambiente, ela promove, por consequência, o bem-estar social. E, à medida que se preocupa com o desenvolvimento da sociedade, as pessoas passam a percebê-la como mais ética. Portanto, os aspectos ético-social e ambiental estão intimamente ligados, formando uma só coluna.

Para ilustrar sua ideia, Nigro menciona o consumo consciente. Cada vez mais – acredita – os consumidores usarão o poder de escolher produtos baseados no critério segundo o qual as marcas devem realizar lucro com justiça ambiental e social, de modo a equilibrar seus interesses econômicos com os das pessoas e do planeta. "Sustentabilidade, para nós, é a forma como cuidaremos desse templo. Ele só seguirá em pé, servindo às próximas gerações, se nossas ações presentes ajudarem a reforçar as duas colunas", aposta.

Em nome da renovabilidade, pela liderança ambiental

Um ano depois de Nigro ter ingressado na Tetra Pak, o Brasil sediou a Conferência das Nações Unidas sobre o Meio Ambiente e o Desenvolvimento, conhecida como ECO-92, ou Rio-92. A presença de vários chefes de Estado na importante conferência do clima, a discussão de conceitos como ecoeficiência e a crescente formação de uma nova consciência ambiental ofereceram um cenário bastante favorável para a tomada de decisões ambientais na empresa.

Foi nesse contexto – lembra – que, em 1993, o então presidente da Tetra Pak no Brasil resolveu contratar um diretor para os temas de meio ambiente. No mesmo movimento, a área de *marketing* estratégico iniciou um processo com a finalidade de comunicar adequadamente os valores e os compromissos ambientais da companhia, destacando, por exemplo, as virtudes de um produto que contém, em sua composição, 80% de materiais provenientes de fontes renováveis.

Preocupava Nigro, no entanto, a incompreensão do mercado, o alto preço que, de modo geral, costumam pagar os pioneiros. "Naquela época, como a consciência ambiental estava sendo despertada, o foco era a reciclagem. A Tetra Pak falava em renovabilidade,[1] um conceito muito europeu, novo e desconectado da realidade latino-americana. Por isso, não se prestava muita atenção ao nosso discurso. Pregar redução de emissões de carbono, coisa que os suecos já faziam há décadas, soava exagerado por aqui", rememora.

Respaldada em orientação da matriz, a Tetra Pak Brasil resolveu, segundo Nigro, assumir a reciclagem ampla como parte do seu negócio. "Reciclar embalagem é extremamente simples. Havia tecnologia disponível para isso. Começamos, então, a buscar parceiros técnicos para o processo", conta.

A decisão foi, segundo Nigro, ao mesmo tempo institucional e de negócios. Institucional, porque afinava-se com a identidade da companhia sueca, com os valores e práticas culturalmente herdados de seu fundador, Ruben Rausing. De negócios, porque antecipava um cenário de riscos, no qual a empresa certamente viria a ser mais cobrada pela sociedade quanto à destinação responsável das embalagens. Vale lembrar que essa não era uma preocupação comum em 1993. Pelo menos, não no Brasil. Na Europa, sim, já havia movimentos de regulação, e as diretrizes ambientais começavam a ser discutidas com maior ênfase. Mas aqui o debate mal engatinhava.

---

[1] Paulo Nigro usa o conceito de renovabilidade para reforçar que pelo menos 75% das embalagens Tetra Pak provêm de fontes renováveis – florestas da Klabin certificadas com o selo FSC (Forest Stewardship Council, ou Conselho de Manejo Florestal). O FSC é o sistema de certificação florestal mais reconhecido em todo o mundo. Para obtê-lo, o empreendimento precisa observar regras e princípios internacionais muito rígidos, que conciliam a proteção ambiental com os benefícios sociais e a viabilidade econômica.

Em vez de jogar na defesa, Nigro achou melhor tomar a dianteira. "Por termos uma embalagem do tipo *one way* (uma utilização), especulava-se, à época, que deixaríamos uma montanha de resíduos espalhados na natureza. Entendemos que precisávamos ter um perfil ambiental de ponta a ponta. Que tínhamos o dever de fazer. Precisávamos obter a liderança ambiental no país e ser percebidos pelo mercado a partir desse posicionamento", conta.

Não faltou respaldo ao plano. Embora no início da década de 1990 a Tetra Pak Brasil fosse uma empresa pequena, com faturamento entre 50 milhões e 60 milhões de dólares, a matriz sueca investiu o que foi necessário em tecnologia, equipamentos e desenvolvimento de parcerias. "Em 1995, já inscrevíamos em nossos cartões de visita 'produzido 100% com material reciclado na Tetra Pak'. Com o plástico e o alumínio separados no processo de reciclagem, começamos a fazer brindes. Estávamos cuidando daquilo que era nossa primeira obrigação: desenvolver tecnologia e disponibilizá-la para que, depois, empreendedores fossem convencidos a instalar operações de reciclagem e a produzir com matéria-prima advinda desse tipo de negócio", disse Nigro.

Conselhos de sustentabilidade a um jovem executivo

Como de praxe, pergunto a Nigro sobre os atributos pessoais exigidos de um líder para "fazer acontecer" a sustentabilidade numa empresa. Na linha mais contida e reflexiva, do tipo "conselhos de sustentabilidade a um jovem executivo", o presidente da Tetra Pak Brasil mostra-se generoso nas recomendações. "Antes de mais nada, deve conhecer profundamente a cadeia de valor do seu produto. Precisa vestir uma calça *jeans*, ver de perto a fonte de geração da matéria-prima, uma estação de triagem ou o processo de venda, acompanhar cada etapa do processo e conversar com todos os atores envolvidos, prestando atenção ao quanto os elos são construídos sobre práticas que fortalecem os pilares econômico e ético-socioambiental. Tem de entender qual é o seu papel na cadeia. Não dá para sentar no banco de trás, é preciso estar no volante. E no volante, precisa ter a coragem para mudar sempre que observar fraqueza em algum dos elos. Quando um líder conhece por inteiro o seu negócio, ele ganha mais credibilidade".

"Além disso", continua Nigro, "para ser um guia inspirador em sustentabilidade, deve-se deixar orientar por um conjunto de valores individuais importantes e não negociáveis, entre os quais o profundo respeito ao ser humano. Só quem respeita o humano pode respeitar o planeta. Carrega consigo o desejo de que o empreendimento, a atividade econômica, melhore o bem-estar coletivo, e não o piore". E completa: "Se acreditar em Deus, melhor ainda. Seja qual for a religião, no entanto, o benefício é que elas pregam condutas baseadas no respeito e no amor ao próximo. Um líder com crença firme costuma falar com o coração, o que, sem dúvida, legitima e fortalece o seu discurso junto aos liderados".

Para Nigro, o conhecimento amplo da cadeia de valor associado a uma base sólida de princípios possibilita ao líder realizar cotidianamente um ajuste ético entre o que é preciso e o que é certo fazer. "Se souber que o material da Tetra Pak está sendo coletado ou reciclado em unidades que se utilizam de trabalho infantil, é meu dever eliminar esse parceiro, ou antes disso, tentar influenciá-lo a mudar sua prática. Se identificar uma atividade que está gerando emissões, efluentes não tratados de forma correta, poluindo ou destruindo o lençol freático, devo agir na mesma hora, ainda que assumindo um custo normalmente difícil de se justificar do ponto de vista econômico-financeiro. Na condição de agente de mudança, o líder não deve transigir na sua tarefa de influenciar todos os elos, melhorando as condições ambientais, o respeito ao meio ambiente e aos cidadãos envolvidos", afirma.

Solidariedade está, segundo Nigro, entre os traços básicos do perfil de um líder sustentável. Assim como é preciso persistência, fé e paixão para abraçar as grandes causas socioambientais e perseguir a construção das soluções que elas demandam. "Nossas embalagens são 100% recicláveis. Hoje, temos capacidade para reciclar muito mais, pelo menos 50% de todo o nosso material no mercado. Na verdade, reciclamos 25%. Isso não é pouco, claro. Das 200 mil toneladas de embalagens produzidas, reciclamos 50 mil toneladas. Mas não estamos satisfeitos. Precisamos seguir de perto a meta de 100%. Os 75% que estão indo para debaixo da terra correspondem a uma riqueza que poderia gerar renda para comunidades mais pobres. É um triplo problema: para a empresa, para o meio ambiente e para a sociedade. Não podemos ficar tranquilos com isso. Precisamos perseverar nesse objetivo, talvez inatingível, de ser uma liderança no campo ambiental. Inatingível porque a estrada é longa e o gol vai sempre caminhando mais para a frente conforme avançamos", conta.

Duas histórias grudadas na memória afetiva

Considerando os desafios da sustentabilidade da companhia e as bandeiras que vem empunhando como líder do tema no Brasil, peço a Nigro que mencione dois episódios marcantes em sua recente trajetória profissional. O primeiro ocorreu em 2009. Com a queda do preço do papel e do papelão, o preço do material de Tetra Pak reciclado também despencou, fato que ameaçava depauperar a cadeia de catadores criada, segundo ele próprio, a duríssimas penas.

Havia um grande risco de ver ruir o esforço da empresa – e com ele a imagem de compromisso com o tema, construída nos últimos dez anos. Mas o que preocupava Nigro era, sobretudo, o aspecto social do problema: o fim do trabalho nas unidades de triagem encerraria o sonho de um vulnerável grupo de catadores recém-incluídos, que há pouco trocara a vida indigna do lixão por uma atividade profissional decente.

Sem a perspectiva de remuneração justa pelas embalagens recicladas, o executivo antevia um retorno à rua, à mendicância e à criminalidade. "Não queria deixar de estar ao lado deles num momento de crise. Por isso, convoquei nosso diretor de meio ambiente, Fernando vion Zuben, e perguntei-lhe sobre o que poderíamos fazer para evitar o que parecia inevitável. Fernando tinha uma proposta de solução: 'Simples. Vamos fazer como normalmente se faz com as *commodities*. Criamos um estoque regulador'", conta Nigro, com um indisfarçável sorriso de satisfação. Custou menos do que ele previra. E funcionou bem. Com um investimento de 400 mil reais, a Tetra Pak comprou 4 mil toneladas de material, estocou, segurou o preço por um ano, até retomar a alta, e assegurou que as cadeias estimuladas pela empresa não se desarticulassem. Bingo!

O segundo episódio refere-se à recente aprovação, em 2010, da Lei nº 12.305, instituindo a Política Nacional de Resíduos Sólidos (PNRS) no Brasil.[2] Nigro participou ativamente do processo. Junto com o deputado Arnaldo Jardim e Roberto

---

[2] Sancionada pelo presidente Luiz Inácio Lula da Silva em 2 de agosto de 2010, a Lei nº 12.305 dispõe sobre princípios, objetivos e instrumentos, assim como diretrizes relativas à gestão integrada e ao gerenciamento de resíduos sólidos, incluídos os perigosos, às responsabilidades dos geradores e do poder público e aos instrumentos econômicos aplicáveis.

Klabin, do Lide Sustentabilidade e da SOS Mata Atlântica,[3] liderou um grupo de empresários com alta representatividade do PIB nacional numa audiência pública realizada em Brasília que não pôde passar despercebida pelo então presidente da Câmara dos Deputados, Michel Temer, hoje vice-presidente da República.

A ideia era que, terminado o evento, propositalmente criado para chamar atenção sobre o tema, o grupo assinasse um manifesto e o levasse diretamente ao gabinete de Temer. A repercussão do evento foi tamanha e tão rápida, que Temer resolveu se antecipar. "Quando ele [Temer] soube do burburinho, veio até o grupo e fez um compromisso público, gravado, de que colocaria o projeto em pauta o mais rapidamente possível", conta Nigro. "Essa iniciativa é boa para o país porque incorpora importantes avanços técnicos na questão da gestão de resíduos. E também porque estabelece o princípio da responsabilidade compartilhada entre fabricantes, importadores, distribuidores, comerciantes e consumidores.[4] No Canadá, aprendi que, quando se divide a responsabilidade entre os vários atores, o fardo fica mais leve para todo mundo. Há, portanto, maiores chances de dar certo", completa.

A PNRS foi sancionada após dezoito longos anos de tramitação no Congresso; no entanto, sua efetiva implantação ainda sofrerá a resistência de setores que se recusam a assumir os custos e a aceitar as mudanças profundas nos modos de produzir, distribuir e consumir. Nigro sentiu a braveza de seus opositores numa audiência pública. "Algumas cadeias de valor jogam contra. Na verdade, elas ainda acham que a questão ambiental não faz parte do negócio e querem ficar fora da discussão, mantendo as coisas como estão", afirma.

---

3   O Lide Sustentabilidade é um braço do Lide (Grupo de Líderes Empresariais), fundado em 2003 pelo empresário João Dória Jr. Promove ações e seminários destinados a discutir temas que fortalecem a consciência sobre sustentabilidade entre empresários. A Fundação SOS Mata Atlântica é uma organização sem fins lucrativos, criada em 1986, cuja missão é promover a conservação da diversidade biológica e cultural do Bioma Mata Atlântica e ecossistemas sob sua influência, estimulando ações para o desenvolvimento sustentável, assim como promover a educação e o conhecimento sobre a Mata Atlântica, mobilizando, capacitando e estimulando o exercício da cidadania socioambiental.

4   Segundo o item XVII do artigo 3º da Lei nº 12.305/10, que instituiu a Política Nacional de Resíduos Sólidos, responsabilidade compartilhada é o "conjunto de atribuições individualizadas e encadeadas dos fabricantes, importadores, distribuidores e comerciantes, dos consumidores e dos titulares dos serviços públicos de limpeza urbana e de manejo de resíduos sólidos, para minimizar o volume de resíduos sólidos e rejeitos gerados, bem como para reduzir os impactos causados à saúde humana e à qualidade ambiental decorrentes do ciclo de vida dos produtos nos termos desta Lei".

Para Nigro, a PNRS prescreve, definitivamente, temas há muito tempo debatidos na Europa, como o ciclo de vida dos produtos, logística reversa e mudanças em embalagens. Um dos pontos que mais o agrada – reforçado pelo presidente Lula em seu discurso de assinatura da lei – é o que torna prerrogativa da municipalidade a coleta seletiva de lixo, dando prioridade às cooperativas locais, fato que, em seu entendimento, irá gerar renda para pessoas excluídas. "Acreditamos muito nas cooperativas. E temos trabalhado para que elas saiam da informalidade, ensinando-as a serem geridas como empresas. As 150 mil toneladas de resíduos sólidos enterradas representam uma mina de ouro que, bem garimpada, pode gerar riqueza", reforça.

Mirando o futuro, Nigro não tem dúvida de que a Tetra Pak caminha na direção da renovabilidade. Para explicar em que ponto do percurso a companhia estaria hoje, o executivo se vale de mais uma metáfora, dessa vez a de uma corrida de 100 metros rasos. Em sua análise, já foram percorridos 75 metros graças, principalmente, ao fato de que a matéria-prima principal da empresa, o papel, provém de fontes totalmente certificadas.

Do trecho restante, uma parcela de 3% ou 4% corresponde a mudanças necessárias no processo industrial e medidas incrementais. Outra parte igual decorre da energia utilizada nos caminhões de transporte – hoje, nem toda a frota é movida a biodiesel, mas o projeto é que isso venha a ocorrer no médio prazo. Cerca de 15 a 20 metros só serão superados com mudanças no plástico. E elas já começaram a acontecer. No final de 2009, o presidente mundial da Tetra Pak, Dennis Jönsson, veio ao Brasil para assinar um acordo com a Braskem, seu único fornecedor de plástico no país, tendo em vista a utilização, em suas embalagens, do polímero feito de etanol de cana-de-açúcar – o chamado "plástico verde".

Em um primeiro momento, as tampinhas serão feitas de um plástico verde produzido em Triunfo, polo petroquímico do Rio Grande do Sul. Em seguida, a Braskem deverá montar uma planta de polietileno de alta densidade. Os últimos 5 a 7 metros estão relacionados com o alumínio, num projeto que a empresa ainda mantém sob sigilo.

No que depender da determinação de Nigro, a corrida está prestes a encerrar-se, com benefícios claros para a empresa, a sociedade e o planeta.

Paulo Nigro

Insights	Na infância, aprendeu com o pai o valor de reciclar e a importância do ato para gerar riqueza. Trabalhando com empresas suecas, incorporou a noção cultural de respeito à natureza e conservação ambiental
Ideias-chave	Bem-cuidada, a questão ambiental representa um campo de oportunidades para a empresa; malcuidada, significa risco Sustentabilidade é um templo de dois pilares: econômico e ético-socioambiental. Empresa que preserva o meio ambiente promove o bem-estar social. Quando se preocupa com o desenvolvimento da sociedade, o público a percebe como mais ética O conhecimento amplo da cadeia de valor associado a uma base sólida de princípios possibilita ao líder realizar cotidianamente um ajuste ético entre o que é preciso e o que é certo fazer As 150 mil toneladas de embalagens da Tetra Pak enterradas representam uma mina de ouro que, bem garimpada, pode gerar riqueza para as comunidades mais pobres
Desafios	Recuperar a imagem da Tetra Pak no Canadá, prejudicada por causa de negligência em relação ao sistema público de coleta seletiva de resíduos Perseguir a meta de reciclar 100% das 200 mil toneladas de embalagens produzidas. Hoje ela recicla 25%
Estratégias	À frente da Tetra Pak canadense, e com a empresa em crise, criou a primeira recicladora de embalagens naquele país Para tanto, investiu em equipamentos, fez parcerias locais e atraiu os melhores desenvolvedores de tecnologia Na Tetra Pak Brasil: usar papel de fonte certificada (FSC), mudar processos industriais, abastecer os caminhões com biodiesel e adotar o "plástico verde"
Momentos marcantes	Ameaça, em 2009, de desarticulação da cadeia de catadores, por causa da queda do preço do papel e do papelão; a empresa fez estoque regulador Instituição, em 2010, da Política Nacional de Resíduos Sólidos; responsabilidade compartilhada é uma de suas bandeiras pessoais
Perfil do líder em sustentabilidade	Conhecimento do negócio por inteiro, acompanhando cada etapa do processo, da geração da matéria-prima à venda Atenção a todos os elos da cadeia de valor, influenciando-os positivamente; compreensão de que é o seu papel na cadeia Diálogo regular com todos os atores envolvidos Coragem para mudar Orientação de um conjunto de valores inegociáveis, principalmente respeito ao ser humano Desejo genuíno de que o negócio melhore o bem-estar coletivo Solidariedade Fé, persistência e paixão pelas causas socioambientais Se acreditar em Deus, melhor!

Kees Kruythoff

O DESAFIO DE CONVERTER ENERGIA EM COMPROMISSO

Quando, em 2007, o nome de Kees Kruythoff foi anunciado para presidir a Unilever no Brasil, pouco se sabia por aqui sobre ele, a não ser que era um jovem holandês de nome impronunciável, com uma carreira de catorze anos, toda ela construída na empresa, e uma reputação de executivo de métodos pouco ortodoxos. Suas passagens pela África do Sul e China ajudaram a criar a fama de líder surpreendente, inovador, capaz de pensar "fora da caixa".

Na África do Sul, onde foi diretor de *marketing* de óleos e margarinas e presidente de divisão, ficou conhecido ainda por uma decisão vista à época como ousada ou excêntrica, dependendo do ponto de vista: trocou o *status* e o conforto da cidade de Durban – na qual está a sede da Unilever no país – pela de Soweto (próxima à capital Johannesburgo), onde vivem 4 milhões de pessoas, em sua maioria muito pobres. Guardadas as devidas diferenças, seria o mesmo que, em São Paulo, deixar um apartamento nos Jardins para morar, sem qualquer luxo, numa favela da zona Sul da capital.

Em Soweto, antigo distrito formado basicamente por negros, Kees decidiu viver como um habitante

> UMA DAS CARACTERÍSTICAS DIFERENCIADORAS DO LÍDER CENTRADO EM PRINCÍPIOS É VER A VIDA COMO UMA AVENTURA. ELE DEVE SER UM EXPLORADOR CORAJOSO, TRANQUILO E TOTALMENTE FLEXÍVEL, QUE SABOREIE A VIDA.
>
> Stephen R. Covey, *Principle-Centered Leadership*.

local. Andou por lugares considerados inóspitos para brancos estrangeiros de olhos claros, movido pela missão autoatribuída de conhecer, de perto, os hábitos da população da base da pirâmide e, assim, com sua observação empírica, definir estratégias de produtos e *marketing* para a Unilever.

Foi graças a esse peculiar estilo de gestão, e principalmente a um histórico de bons resultados em países emergentes, que o presidente executivo da companhia, o francês Patrick Cescau,[1] convocou Kees para assumir a operação brasileira, a segunda maior da companhia no mundo. E lhe deu salvo-conduto para fazer as mudanças necessárias, recuperar o terreno perdido por algumas marcas de alimentos da Unilever – especialmente caldos, temperos, sorvete e maionese – e, acima de tudo, comandar um novo ciclo de planejamento capaz de assegurar "outros oitenta anos de crescimento no Brasil".[2]

Aos 39 anos, Kees aceitou, feliz, a encomenda de Cescau. Com o aval do presidente, topou ainda um desafio adicional: crescer sim, mas com base em um modelo sustentável de negócios, tirando a sustentabilidade da epiderme para enxertá-la no coração da estratégia da empresa. Em 2008, já sob a direção do executivo holandês, a companhia estabeleceu um planejamento até 2012, baseado em cinco pilares e denominado UB 2012 – Vamos construir uma empresa maior e melhor (lema traduzido do inglês "Let's build a company that is greater than great"). O que poderia ser apenas um *slogan* megalômano tomou a forma de uma bandeira e de um convite para "sair da ambição para a ação".

O primeiro pilar do plano Unilever Brasil 2012 (UB 2012) define-se pela ideia de acelerar o crescimento conquistando participação muito superior à própria expansão do mercado. O segundo, por sua vez, consiste em ampliar as margens de lucro usando a enorme capacidade de escala da Unilever – subexplorada, segundo o presidente – a partir da venda de produtos de maior valor agregado.

---

[1] Patrick Jean-Pierre Cescau (1948) ocupou a presidência global da Unilever entre 2005 e 2008. Foi substituído por Paul Polman.

[2] A esse *slogan*, Kees sugeriu um complemento: "Sem abrir mão do legado importante na organização e tomando o benefício da integração das categorias de limpeza doméstica, cuidados pessoais, alimentos e sorvetes, fruto de um movimento chamado One Unilever, que integrou todos os negócios da companhia mundialmente".

O terceiro pilar diz respeito à "transformação sustentável" na sociedade, que ele considera o "centro" da nova estratégia da empresa.

Como ousadia pouca é bobagem, Kees projeta dobrar a capacidade da empresa sem aumentar os impactos para o planeta. Mais do que isso, pretende afetar positivamente a sociedade com seus produtos e marcas, que "ajudam as pessoas a se sentirem bem, viverem melhor e aproveitarem mais a vida".

A serviço de uma "transformação sustentável"

Com base na já consagrada tese ambientalista de que se está retirando da natureza quase 30% mais de recursos do que ela é capaz de repor, pergunto a Kees por que tem tanta convicção de que o crescimento da Unilever fará mais bem do que mal ao planeta. Por que acredita que as externalidades da companhia são mais positivas do que negativas? "Quanto mais crescemos, melhor para o planeta. Há onze anos a Unilever frequenta o Dow Jones Sustainability Index, o índice da Bolsa de Valores de Nova York que reúne as empresas mais sustentáveis do mundo. Isso significa que temos valores sólidos reconhecidos pelo mercado. Confirma a força dos compromissos de nossa história. Quando William Hesketh Lever fundou a empresa em 1892 (nascida Lever Bros, a partir da junção de uma empresa inglesa com outra holandesa; depois transformada em Gessy Lever em 1929, e em Unilever, no ano 2000), ele já tinha um pensamento de crescimento sustentável. Queria promover uma transformação positiva. O primeiro produto da empresa, o sabão Sunlight,[3] foi uma contribuição para melhorar a higiene das pessoas e, portanto, a qualidade de vida da sociedade", responde.

Para Kees, a indústria de bens de consumo, mais do que qualquer outra, tem um papel importante na "transformação sustentável" da sociedade. É seu dever – acredita – atuar com firmeza na redução dos impactos ambientais, que estão

---

[3] Foi o primeiro produto da empresa. Na Inglaterra, na década de 1920, os sabões eram vendidos por peso, cortados a pedido do cliente. William Hesketh Lever teve então a ideia de dar nome a um sabão e comercializá-lo em tamanho-padrão.

crescendo na razão direta da expansão da população global e do aumento do poder aquisitivo das classes mais pobres.

Qual seria, então, a melhor forma de atuação de uma empresa como a Unilever? Mudanças nos processos de produção e oferta de produtos mais sustentáveis são necessárias, é claro. Kees exibe, orgulhoso, números que considera bastante satisfatórios. Mesmo com crescimento no volume de produção e vendas da ordem de 27% nos últimos cinco anos, a companhia diminuiu em 59% as emissões de gás carbônico (CO_2) de suas operações e passou a reciclar 98% dos resíduos gerados. Hoje, 52% de toda a energia consumida provêm de fontes renováveis.

Para difundir as melhores práticas, a Unilever produziu uma cartilha do meio ambiente na qual são listadas ações ambientais em pesquisa e desenvolvimento, fornecedores, fábricas, distribuição, vendas e escritório. Há, na publicação,[4] casos interessantes de inovação em logística, tecnologia da informação, produtos e embalagem. Uma dessas inovações, foco de divulgação da empresa, é o Comfort Concentrado, um amaciante de roupas de 500 mL, 20% mais barato do que a versão convencional de 2 litros, com embalagem menor (58% menos plástico por ano) e uma economia de 79% no uso de água.

Na análise de seu presidente, a Unilever fará maior diferença à humanidade se educar o consumidor para utilizar melhor os produtos e para refletir sobre hábitos perdulários de consumo de recursos naturais. "Hoje somos 6,3 bilhões de pessoas. Em 2040, seremos 9 bilhões. Mais pessoas terão mais recursos para consumir, principalmente nos países emergentes. A tecnologia será fundamental para minimizar as consequências desses dois fatores. Mas não solucionará o problema por completo. O que vai mudar mesmo é uma revolução no comportamento do consumidor. Os consumidores precisarão comprar com mais consciência e responsabilidade. Isso é mais simples do que parece. A mudança decorre da multiplicação de pequenos gestos cotidianos, como, por exemplo, fechar a torneira enquanto se escovam os dentes. Se todos adotarem medidas

---

[4] Trata-se de material da empresa para uso interno.

como essa, a partir de hoje haverá um claro impacto na diminuição do desperdício de água", explica.

Segundo Kees, não é a indústria de petróleo que irá liderar essa "revolução comportamental". Nem o segmento de bancos. As artífices do movimento serão as companhias de varejo e de bens de consumo, justamente porque "conversam" na "ponta da linha" com os consumidores. Na condição de segunda maior companhia mundial de bens de consumo, ele acredita que a Unilever pode promover um salto colossal, cuja extensão ele mensura a partir de uma conta simples: "Hoje, os produtos e marcas da Unilever são consumidos por 2 bilhões de pessoas em todo o mundo. No Brasil, entramos em 100% dos lares. E, mensalmente, atingimos quase 40 milhões de pessoas. Logo, temos o equivalente em número de oportunidades para inspirar as pessoas a adotarem pequenas atitudes diárias de sustentabilidade". Desse raciocínio nasceu a visão do "Cada gesto conta" (equivalente ao inglês "Small Actions Big Difference"), mote que deve ganhar cada vez mais espaço na comunicação de sustentabilidade da empresa.

"Mudar a consciência do consumidor é uma de nossas responsabilidades. Acreditamos nisso. Mas essa missão significa também uma oportunidade única de criar vantagem competitiva. A consciência do consumidor está mudando, como se pode ver muito claramente no Brasil e na China. Nesse momento especial, nossos valores históricos, como a nutrição, a saúde e a higiene, aliados ao desejo, fundado na noção de sustentabilidade, de criar um futuro melhor todos os dias, representam a melhor forma de comunicar intenções a um grupo de consumidores cada vez mais crítico e mais interessados no tema. Empresas que conseguirem demonstrar esse tipo de preocupação, na prática, serão mais respeitadas", aposta Kees.

O encontro dos rios Negro e Solimões: a metáfora

Dobrar de tamanho, ampliar o lucro e, ainda por cima, mudar o comportamento do consumidor, orientando-o para a importância da sustentabilidade, são objetivos grandes, que dependem de gente capaz, motivada e, sobretudo, engajada. Kees sabe disso. Se os três primeiros pilares do plano da Unilever para 2012 representam fins, os outros dois correspondem aos meios necessários para atingi-los. Descuidar deles seria o mesmo que um alpinista querer escalar o Kilimanjaro sem o mosquetão e as sapatilhas. O quarto pilar trata do aumento da eficiência por meio do desenvolvimento de capacidades de longo prazo. E o quinto, da união do desempenho do negócio com uma "transformação cultural".

O que quer dizer Kees com "transformação cultural"? Esse é, aliás, um dos pontos da entrevista que nitidamente mais empolgam o jovem presidente da Unilever. Ao tratar dele, o holandês mal consegue conter o entusiasmo – as poucas palavras aprendidas do português saem ainda mais incompreensíveis, atropeladas pelas frases em inglês, num ritmo frenético, que deixa o entrevistador refém da jovem assessora do presidente. Com a ajuda pontual dela, as ideias vão se encaixando.

Para Kees, introduzir as variáveis social e ambiental no negócio – até bem pouco tempo atrás, dissociadas da variável econômica – é tarefa que requer a adoção de um novo modelo de gestão, mais holístico, e um engajamento de lideranças e de colaboradores em tal nível de intensidade, que já não pode mais caber no velho mote do "Vestir a camisa". Melhor defini-lo como uma espécie de "segunda pele" dos times. Isso só será viável, na visão do executivo, se houver um alinhamento radical dos valores pessoais com os valores da empresa. É aí que entra a tal transformação cultural.

"Para falar sobre esse movimento, usamos a metáfora do encontro dos rios Negro e Solimões, isto é, do plano pessoal de cada colaborador com os planos de desempenho do negócio. Para ser sustentável, é fundamental incorporar os valores da cultura da empresa. A transformação do desempenho passa, portanto, por uma transformação cultural", prega.

Jornadas: aprofundar para "sentir" a estratégia

Um dos instrumentos adotados pela empresa para fazer a revolução no modo de pensar e agir são as chamadas "jornadas". Elas se tornaram, na opinião de

Kees, o canal privilegiado de apropriação individual dos princípios, valores e comportamentos desejados para a consecução do planejamento UB 2012.

Trata-se de um momento de "cocriação" das estratégias, no qual o presidente e seus diretores dividem a tarefa de construir o futuro com todos os colaboradores. A intenção é clara: cada líder precisa sentir que a estratégia da empresa é também a sua estratégia. Dessa finíssima sintonia – e apenas dela – emerge a energia necessária para cumprir metas compatíveis com o tamanho da ambição de uma companhia que "quer ser maior do que a maior".

As jornadas equivalem, na prática, a encontros de imersão com as lideranças e os times. Seu objetivo básico é oferecer uma oportunidade para que o colaborador "se conecte" com a estratégia do negócio, com as equipes e "consigo mesmo". Esse terceiro aspecto, associado à dimensão de autoconhecimento, constitui, a rigor, a única novidade no processo. Eventos semelhantes, destinados a envolver colaboradores nas estratégias, são, há pelo menos duas décadas, relativamente comuns nas empresas brasileiras. Neles, procura-se enfatizar os valores, focar os grandes temas, discutir as metas e os caminhos para alcançá--las, evocando um sentimento de integração e responsabilidade compartilhada pelos resultados. Sua vantagem sobre os modelos mais verticais, menos participativos, de planejamento é que trabalham não apenas o hemisfério esquerdo do cérebro, responsável pela razão, mas também o hemisfério direito, incumbido das emoções. E o coração, já se sabe, é o melhor atalho para fortalecer a motivação.

Valorizar a dimensão pessoal, conferindo-lhe o mesmo grau de importância, foi a forma que Kees encontrou para "humanizar" o seu processo de planejamento estratégico, abrindo, na prática, uma via para "sentir" a estratégia, e não apenas compreendê-la racionalmente. O executivo ensaia o seu melhor sorriso antes de começar a explicar o modelo. "Nas jornadas, discutimos, é claro, as estratégias do negócio. Mas também trabalhamos as questões de crescimento pessoal. Para obter alta *performance*, o funcionário precisa ter uma vida equilibrada do ponto de vista físico, emocional e espiritual, com metas pessoais bem resolvidas nos vários papéis que desempenha – pai, marido, amigo, parente, cidadão deste país e do mundo. Deve ter um compromisso também com a sua saúde, o seu bem-estar e o de sua família. Nessa dinâmica, inspiramos os funcionários a fazerem um balanço holístico de suas vidas, em busca de uma harmonia de funções que os torne mais satisfeitos, felizes e realizados", explica.

As jornadas obedecem a um ritual particular. Uma delas ocorreu entre os dias 16 e 19 de novembro de 2009, quando gerentes e coordenadores da fábrica de Pouso Alegre (MG), responsável pela fabricação do produto Ades, se reuniram em um hotel de praia no litoral norte paulista. Nos dois primeiros dias, alinhavaram seus planos de crescimento pessoal, participando de atividades reflexivas, palestras de motivação e vídeos inspiradores. Kees esteve presente para falar com as equipes. Dedicou-se o terceiro dia a discutir as atividades necessárias para o cumprimento dos objetivos do plano UB 2012, com base em cinco pontos: *performance* e crescimento pessoal, qualidade, custos, flexibilidade e inovação.

À noite, como parte da simbologia ritualística do evento, o grupo celebrou as conquistas dos dois dias de atividades num animado luau, com fogueira, música, discursos emocionados e promessas de cooperação. No dia seguinte, mais trabalho: os resultados do planejamento foram partilhados em grupo aberto, e cada um dos participantes assinou seu nome num quadro comprometendo-se, perante os colegas, com o crescimento da empresa, e também com o seu próprio.

Nos dias 11 e 12 de janeiro de 2010, uma versão compacta do mesmo encontro envolveu todos os funcionários da fábrica, fechando o ciclo em casa. Movimentos similares atingiram boa parte dos 12 mil funcionários nas outras onze fábricas da companhia espalhadas em Goiás, São Paulo, Minas Gerais e Pernambuco.

Quatro influências marcantes: Richard Barrett, a teoria U, o programa Elias e Jim Collins

Para entender as ideias de Kees, convém conhecer um pouco dos pensadores e das teorias que o influenciaram e aos quais ele recorreu no desenho de suas estratégias pouco convencionais. Um dos consultores cultuados pelo presidente da Unilever é Richard Barrett.[5] Porta-voz da espiritualidade no ambiente de trabalho, o consultor norte-americano entende que as melhores culturas organizacionais são aquelas fundadas em valores, como a confiança, por exemplo. Não se consegue o devido envolvimento de funcionários em processos de mudança – acredita Barrett – sem a implantação de sistemas centrados na realização pessoal dos indivíduos. Mente, coração e espírito devem andar juntos.

Entre outras contribuições intelectuais, Barrett desenvolveu uma escala de sete níveis para a consciência individual, uma espécie de releitura *zen* da famosa pirâmide das necessidades humanas, criada pelo psicólogo norte-americano Abraham Maslow.[6] Por ordem crescente, o que motiva um homem, segundo Barrett, é 1) sobreviver, 2) relacionar-se, 3) ter autoestima, 4) sentir-se amado e respeitado pelos pares, 5) encontrar um significado pessoal, 6) fazer a diferença positiva no mundo e 7) servir de modo abnegado.

Algumas ideias de Barrett sobre o alinhamento de valores pessoais e profissionais estão na base no modelo de transformação cultural adotado pela Unilever. Segundo Kees, quando implantadas com o rigor do método barrettiano, logo começam a produzir os efeitos de comprometimento pessoal, energização e realização que ele almejava. "Não dá para dizer que não havia comprometimento antes de iniciarmos esse processo. Havia sim. Mas isso não tornava a empresa nem mais ágil nem mais vibrante. Ela era muito hierarquizada, tinha alto desperdício de energia e alguma frustração entre os colaboradores. Agora, há mais trabalho em equipe. O nível de entropia está melhor", explica Kees, recorrendo a um termo oriundo da termodinâmica que designa o nível de degradação de energia de um sistema.

Entre outras dinâmicas realizadas com base nas ideias de Barrett, está aquela em que os funcionários da Unilever foram convocados a 1) escolher dez valores

---

[5] Engenheiro civil de formação, Richard Barrett criou a metodologia da administração por valores (APV) entre 1995 e 1997, quando trabalhava para o Banco Mundial. Esse conceito e suas aplicações são a base de seu segundo livro, *Libertando a alma da empresa* (São Paulo: Cultrix, 2000).

[6] Abraham Maslow (1908-1970) trabalhou no Massachusetts Institute of Technology (MIT), onde criou o centro de estudos National Laboratories for Group Dynamics. Uma de suas teses de pesquisa foi a importância do trabalho de grupos na solução de conflitos e crises.

individuais entre cem palavras apresentadas, 2) analisar os valores que fazem parte da cultura da empresa e 3) recomendar quais deveriam fazer parte. "Os dois rios precisam se encontrar", ressalta o executivo, que se autodefine como um apaixonado por diferentes culturas, entusiasta do conceito de diversidade e, como todo holandês educado no modelo calvinista, alguém que detesta desperdício – de dinheiro, de recursos, de talentos e de energia.

Uma segunda influência confessa de Kees é a chamada "teoria U", criada pelo professor Otto Scharmer, do Massachusetts Institute of Technology (MIT).[7] Entre outras teses, Scharmer defende que já não se pode mais planejar tomando como base apenas a experiência do passado. No entanto, esse modelo de aprendizagem ainda predomina na empresa, persistindo particularmente nos processos de mudança planejada, os quais se baseiam no já surrado roteiro de reunir informações-decidir-envolver pessoas-monitorar-controlar.

A limitação desse esquema está no fato de que, invariavelmente, não permite uma compreensão aprofundada da situação que se deseja mudar nem o necessário engajamento para a mudança. Nos temas naturalmente mais complexos – como é o caso da sustentabilidade, que requer a integração de diferentes públicos na tarefa de criar o futuro –, a teoria U surge como um modelo mais adequado, na visão do autor. Para dar conta dessa complexidade, a teoria U pressupõe três etapas de planejamento: sentir, presenciar e concretizar.

Segundo Scharmer, reunir informações é um esforço insatisfatório quando não vem acompanhado de uma suspensão no modo habitual de ver para perceber a situação "de dentro dela", e não como seu observador externo. Para o autor, quem não sente a "nova realidade" tende a reproduzir esquemas mentais preexistentes, que serão cada dia menos eficazes para gerar conhecimento em novas questões, como a sustentabilidade.

---

[7]   Otto Scharmer é presidente fundador do Presencing Institute e membro fundador do Green MIT Hub. Ph.D em economia e gestão pela Universität Witten/Herdecke, na Alemanha, Scharmer foi consultor de inovação e mudança profunda para empresas de todo o mundo, como a Daimler, PricewaterhouseCoopers, Fujitsu e Google. Para quem deseja conhecer melhor a teoria U, ver Scharmer (2010).

O modelo convencional – acredita Scharmer – não leva em conta como os colaboradores "sentem" o tema. Isso impossibilita que eles descubram em si e vivenciem o valor de mudar, o que gera normalmente uma espécie de distanciamento do objeto proposto pela mudança.

O problema do discurso da sustentabilidade – segundo o autor – é que, na maioria das vezes, os públicos de interesse de uma empresa não o "presenciam", deixando assim de perceber o seu significado mais amplo. Nos movimentos habituais de aprendizagem empresarial, costuma predominar um apego quase dogmático ao "plano de ação" e suas etapas. Se, por um lado, esse expediente ajuda a orientar, com sua lógica cartesiana, o trajeto rumo a um objetivo de mudança, por outro, acaba reforçando a separação entre os atores do processo e aquilo que querem mudar.

Para criar o futuro – defende Scharmer – deve-se agir "no mundo", e não "sobre o mundo". O ato de concretizar, presente na haste direita da "subida" do U, pressupõe revelar uma nova realidade e construí-la coletivamente, a partir de um fluxo natural de mudança. Enquanto os objetivos de sustentabilidade forem apenas "declarações de propósitos elevados" lavradas em documentos vistosos, afixados nas paredes, e o caminho para atingi-los desconsiderar como as pessoas experimentam o tema, a mudança necessária seguirá em ritmo lento e artificial.

Kees dá a entender que compreendeu a exata dimensão desse desafio. "Já trabalhamos a teoria do U com o *board* e o time de liderança. Também já a utilizamos em nossa grande jornada feita com mais de duzentos gerentes. O que fazemos, nesses encontros, é interiorizar a sustentabilidade, aprofundando-a dentro dos planos pessoais de cada colaborador. A parte baixa do U é um momento de transformação, em que se misturam a vontade pessoal e o compromisso com o desempenho", avalia o executivo, deixando claro que estudou a teoria U com o rigor de um aluno aplicado.

Há um dado peculiar na formação pós-acadêmica de Kees que pode explicar, de alguma forma, tanto o interesse pelo tema da sustentabilidade quanto por planejamentos horizontais, feitos com base na interação com e não para os colaboradores. Ele é um dos poucos líderes empresariais atuando no Brasil que integraram o seletíssimo programa Emerging Leaders Innovate Across Sectors (Elias), há quatro anos coordenado por Scharmer no MIT. Não é pouco. Escolhidos a dedo e por indicação de especialistas, que atuam como padrinhos, os alunos fazem parte de uma seleta confraria de líderes globais capazes de pensar "fora da caixa".

A experiência de autoconhecimento proporcionada pelo curso de dezoito meses – admite Kees – reformulou sua forma de pensar a liderança para a sustentabilidade a partir da relação entre os três setores (governos, empresas e organizações da sociedade civil). Vem dessa vivência, que ele classifica como "única, marcante", a estratégia das jornadas implantadas, até aqui com sucesso, na Unilever.

No Elias, as jornadas de aprendizagem, baseadas na produção coletiva de conhecimento, constituem um método de trabalho estruturante. Nelas, são desenvolvidas quatro competências específicas. A primeira diz respeito à capacidade de ouvir e dialogar, absolutamente indispensável num mundo que exige a construção de relações com diferentes *stakeholders*, cujas posições e modos de pensar são distintos e não raro divergentes.

A segunda é a empatia, a competência de interpretar o mundo colocando-se no lugar do outro, enxergando a realidade a partir de diferentes pontos de vista. A terceira envolve o que Scharmer define como *open-will* (vontade aberta) – a capacidade de vivenciar as realidades que se deseja transformar, libertando-se de julgamentos preconcebidos e observando suas dinâmicas na direção de uma fonte de conhecimento mais profunda. E a quarta consiste em "prototipar", isto é, converter as descobertas da aprendizagem em resultados práticos.

Jim Collins, famoso consultor norte-americano,[8] também apareceu quase no final da entrevista. E com toda pompa e circunstância. Questionado sobre qual deve ser o perfil de um líder em sustentabilidade, o presidente da Unilever Bra-

---

[8] James (Jim) C. Collins (1958) é considerado um dos mais importantes consultores de negócios do mundo. Colaborador frequente de publicações como a *Harvard Business Review, Business Week* e *Fortune*, ele trata dos temas relacionados a crescimento empresarial. Seu livro (em coautoria com Jerry I. Porras) *Feitas para durar: práticas bem-sucedidas de empresas visionárias* (1995) é um *best-seller* global.

sil levantou-se da mesa, ao seu estilo energético, pegou um exemplar de *Good to Great*[9] que dormia sobre uma pilha de outros da mesma espécie e o entregou a este jornalista. Não sem antes abri-lo no capítulo que trata do líder nível 5, marcando-o com uma dobra de orelha.

"O líder em sustentabilidade é o que Collins definiu como nível 5. Ele tem todas as características dos demais níveis estabelecidos na hierarquia de competências. Como o de nível 1, é altamente capacitado; como o 2, sabe trabalhar em equipe; como o 3, é gerente competente, e como o 4, muito eficaz. Sua diferença está no fato de que é um sujeito que combina forte vontade profissional com humildade pessoal", reforçou o executivo.

Na visão de Collins – endossada por Kees – esse tipo de líder consegue exercer controle sobre o ego, direcionando sua energia para um objetivo superior: construir uma empresa excelente. É alguém ambicioso, porém com valores e princípios. Ao mesmo tempo que trabalha duro para produzir os resultados extraordinários cobrados pelos acionistas, mostra-se modesto em relação aos seus feitos. E a sua modéstia acaba sendo uma espécie de marca pessoal, fonte de uma aura que atrai respeito e admiração.

Na busca de resultados, ainda que enfrente dificuldades, costuma agir com inabalável determinação e serenidade. *Low-profile* por temperamento, em vez de apelar para o carisma pessoal, prefere definir padrões de excelência rigorosos e utilizá-los para motivar as pessoas. Como sua ambição está no crescimento da empresa, ele é um educador – sempre interessado em preparar outros líderes e torcer pelo seu sucesso. Diante de resultados ruins, assume as responsabilidades sem culpar ninguém e nenhuma circunstância.

Para Kees, o líder em sustentabilidade é, como o de nível 5, isto é, um indivíduo com valores, capaz de catalisar energias para mudanças afinadas com o seu tempo, fundamental para empresas que desejam vencer em um cenário marcado pela regra da inconstância.

---

[9] Trata-se de um livro de Jim Collins publicado no Brasil como *Empresas feitas para vencer* (2001).

Não necessariamente esse líder tem de estar sentado na cadeira da presidência. Peter Senge, outro dos pensadores cultuados por Kees, tem reforçado, em seus últimos textos, que os líderes em sustentabilidade existem aos montes, mas é preciso que sejam descobertos na estrutura das organizações, o que só acontece nas companhias que mantêm uma cultura especialmente fértil para o tema. É o que, em boa medida, Kees está tentando fazer na Unilever: preparar o terreno para a colheita de líderes mais sustentáveis.

Insights	Ideias de pensadores corporativos como Richard Barrett (alinhamento de valores pessoais e profissionais), Otto Scharmer (Teoria U e Elias) e Jim Collins (perfil de líder número 5)
Ideias-chave	As melhores e mais fortes culturas organizacionais são as que se baseiam em valores, como a confiança A indústria de bens de consumo tem papel fundamental na "transformação sustentável" da sociedade, não só reduzindo impactos, mas principalmente educando os consumidores para uma mudança de comportamento
Desafios	Dobrar a capacidade da empresa sem aumentar os impactos para o planeta Afetar positivamente a sociedade com produtos e marcas que ajudem as pessoas a viver melhor
Estratégias	Educar consumidores com base na visão do "Cada gesto conta" (Small Actions Big Difference) Realizar jornadas de planejamento mais participativas, oferecendo oportunidade para que o colaborador se "conecte" com a estratégia da empresa, com suas equipes e consigo próprio, alinhando planos pessoais com metas corporativas
Momentos marcantes	Cada uma das jornadas realizadas pela empresa para discutir o planejamento 2012, por causa da energia e do alto nível de engajamento dos participantes
Perfil do líder em sustentabilidade	Forte vontade profissional combinada com humildade pessoal Alguém ambicioso, porém com valores e princípios Modesto em relação aos seus feitos Determinação e serenidade Saber motivar as pessoas com base em padrões de excelência rigorosos Capaz de catalisar energias para a mudança Educar líderes

Héctor Núñez

AS CONVICÇÕES DO INTRÉPIDO CAPITÃO ÁGUA

UM DOS SEGREDOS – TALVEZ O SEGREDO – DA LIDERANÇA É A COMUNICAÇÃO EFICAZ DE UMA HISTÓRIA.

Howard Gardner[1], *apud O guia dos gurus.*

A primeira aparição pública do Capitão Água – uma espécie de paladino corporativo-ecológico do século XXI – se deu no Walmart, no mês de março de 2008. Foi rápida. Mas especialmente marcante. Pelo menos para os cerca de 4 mil associados[2] da empresa presentes à reunião de início de ano, na qual são discutidas as principais estratégias da organização, que puderam assistir ao vídeo gravado para aquela ocasião.

Com direito a capa e máscara, como convém a um super-herói preocupado em ocultar, ainda que de modo propositalmente falso, sua verdadeira identidade, o Capitão Água subiu ao palco para defender a importância de economizar água. No combate ao inimigo do desperdício, empunhou também suas

---

[1] O psicólogo norte-americano Howard Gardner (1943) é professor de educação em Harvard e professor-adjunto de neurologia do Boston University College of Medicine. Notabilizou-se pela teoria das inteligências múltiplas. Escreveu dezenove livros, entre os quais *Mentes que lideram* (1995) e *Mentes que criam* (1996).

[2] "Associado" é o nome que o Walmart dá internamente a seus funcionários.

outras "armas": consciência e atitude sustentáveis não apenas em casa, mas na hora de consumir ou descartar um produto.

A reação foi de espanto geral. E de uma perplexidade divertida. Menos pelas lições passadas do que pela descoberta – instantânea, é claro – da identidade de quem se propunha a ensiná-las em fluente e conhecido "portunhol".

O Capitão Água é, na verdade, o cubano Héctor Núñez, diretor-presidente da empresa até agosto de 2010.[3] Ex-executivo da Coca-Cola e trabalhando no Walmart desde 2006, Núñez nunca fez teatro na vida nem foi particularmente aficionado de história em quadrinhos na infância ou na adolescência. Sua estreia no mundo dos super-heróis ocorreu por intuição de líder e algum senso de oportunidade. Ele só topou vestir um personagem ecologicamente correto, em atitude de desinibição explícita – e improvável num mundo como o corporativo, dominado por gente que se leva a sério demais –, para "tocar" o conjunto dos colaboradores da empresa, levando-os a refletir sobre a importância das ações de sustentabilidade. O que para a maioria dos executivos não seria sequer cogitado como estratégia de comunicação, para Núñez representou uma lição de conexão e humanidade.

"Foi impressionante a quantidade de pessoas que se conectaram com essa experiência. Dos 80 mil associados, 75 mil são pessoas simples, caixas, repositores de gôndolas, açougueiros e padeiros. Senti que meu discurso não poderia ser apenas racional. Precisava envolver as pessoas para mostrar as iniciativas e os produtos sustentáveis que temos desenvolvido com fornecedores e parceiros. Nada melhor, nesse sentido, do que se apresentar de um jeito divertido e próximo", relata Núñez.

Depois da aparição, o Capitão Água virou protagonista de um "seriado" sobre economia de água na empresa, derrubando distâncias e legitimando a mensagem de sustentabilidade de Núñez. Ponto para quem sabe contar uma história.

---

[3] Héctor Núñez deixou a presidência do Walmart em agosto de 2010, e em setembro do mesmo ano saiu da empresa. Foi substituído pelo brasileiro Marcos Samaha. A entrevista com Héctor para este livro foi feita em abril de 2010, quando ele ainda era presidente da companhia.

Medindo o tamanho da pegada ecológica

Na avaliação do ex-presidente do Walmart Brasil, mais do que um imperativo ético, a sustentabilidade é uma maneira diferente de gerir um negócio. "Há quem pense que é abraçar árvores, cuidar de baleias ou manter um projeto social. E há ainda quem trate o tema como uma onda ou um artifício de *marketing*. Para uma empresa como o Walmart, que esbarra diariamente na vida de centenas de milhões de pessoas em todo o mundo, sustentabilidade deve ser uma característica incorporada ao *business*. Ser social e ambientalmente responsável faz parte do modelo de negócio que escolhemos. O mundo mudou. E, se queremos continuar sendo líderes de negócios em consumo e varejo, precisamos mudar com o mundo", afirma.

Nesse esforço, como define Núñez, de se "adaptar à mudança do mundo", o primeiro passo dado pelo Walmart no Brasil foi tentar dimensionar o tamanho do impacto de suas operações e, principalmente, o que significa "ser sustentável" para uma empresa de varejo. Ao analisar com profundidade toda a cadeia de valor, desde a matéria-prima utilizada na manufatura até o descarte final das embalagens, estudos internos concluíram que as lojas representam apenas 8% dos impactos ambientais de toda a cadeia, que são gerados basicamente pelos caminhões de entrega, a logística e o consumo de energia. "Esse percentual parece pequeno, mas não é. Decidimos, então, trabalhar pela redução do nosso impacto direto, sem esquecer, é claro, de influenciar a mudança nos outros 92% de impactos provocados por toda a cadeia do negócio, a partir do uso de água, embalagens, construções, poluição industrial, pescados e práticas agrícolas. Como varejista, temos o poder de gerar influência positiva. Começamos a usar bem esse poder no momento em que convocamos nossos fornecedores para discutir, por exemplo, a eliminação do excesso de embalagem, a adoção de ingredientes sustentáveis ou a necessidade de proporcionar melhorias ecologicamente amigáveis em produtos", rememora.

"No caso do Walmart", continua Núñez, "inserir a sustentabilidade no modelo de negócio exigiu a implantação de um programa holístico que captura as causas e efeitos, possibilitando atacar de maneira direta os fatos sob nosso controle e influenciar nossos parceiros. Em tudo que fazemos e pensamos, a sustentabilidade se incorpora ao negócio. As ações – vale dizer – constam das margens, estão nos lucros, foram devidamente planejadas para integrar o *business*. Não constituem iniciativas isoladas, projetos com começo, meio e fim, nem custos adicionais. Essa foi a parte mais difícil. No momento em que os colaboradores enxergaram a incorporação efetiva ao negócio, a conversa deslanchou".

Um modelo inusitado de gestão com plataformas e *gates*

Segundo Núñez, o Walmart acordou para o tema em 2005, quando o então presidente mundial da empresa, Lee Scott, decidiu que a maior empresa do mundo assumiria também o papel de líder global em sustentabilidade, seja em questões de clima, energia e redução de resíduos, seja em produtos.

Como consequência dessa decisão, a matriz estabeleceu metas globais, e convocou suas operações nos países a interpretá-las conforme a realidade dos mercados locais.

Nos Estados Unidos, não foram poucos os que duvidaram das reais intenções da medida. Nem os que enxergaram nela apenas um ato programado da empresa criada por Sam Walton para quitar parte de um passivo socioambiental nada confortável. Afinal de contas, contra o varejista ainda pesa, lá fora, um passado marcado por denúncias ruidosas de violação de direitos humanos e trabalhistas, discriminação contra mulheres, táticas duríssimas de compras e atos anacronicamente conservadores, como, por exemplo, proibir a venda de livros contrários à moral e aos bons costumes puritanos do Arkansas, estado norte-americano onde a empresa nasceu em 1962.

No Brasil, o movimento teve início em 2006, a partir de um esforço concentrado de tentar compreender o significado da sustentabilidade para o consumidor brasileiro, e também para um país diferente dos demais. Metas de uso de fonte renovável estabelecidas com base em padrões ingleses, por exemplo, pareciam descabidas num país como o Brasil, onde 86% da matriz energética é limpa.

Em 2007 e 2008, o processo ganhou corpo, com a consolidação de um modelo de gestão baseado em plataformas de sustentabilidade. Hoje, elas são oito: cadeia de suprimentos, clientes conscientes, impacto zero, insumos, clima e energia, funcionários conscientes, cadeia logística e construções. Núñez se entusiama ao explicar o formato peculiar, como se se referisse a um filho querido: "Cada um dos diretores ficou responsável por uma plataforma. E, nessa condição, passaram a ter a função de engajar os colaboradores e especialistas no desenvolvimento de soluções para atingir as metas específicas propostas em clima e energia, resíduos, produtos e pessoas – todas elas vinculadas, obviamente, às metas globais. Quatro vezes por ano são realizados os chamados "*gates* de sustentabilidade", encontros de quatro horas em que os líderes das plataformas são convocados a apresentar seus resultados para uma banca, presidida por mim, na forma de iniciativas, avanços registrados, datas e responsáveis. Os *gates* criaram um compromisso público e ajudam o processo a andar mais rápido. A sustentabilidade passou a integrar a cultura de *accountability*".

Sustentabilidade, na cultura de *accountability*

No Walmart – enfatiza Núñez – todo mundo precisa ser *accountable*, ou responsável. Mas há uns mais *accountable* do que outros. É o caso dos que estão à frente das plataformas de sustentabilidade, líderes seniores diretamente subordinados ao presidente. Para dar um exemplo de como essa relação funciona na prática, Núñez conta a história do vice-presidente de finanças da companhia. No papel que lhe cabe de gerir a plataforma de escritórios sustentáveis, ele é responsável por controlar, com suas equipes, desde a implantação de sistemas inteligentes de *timers* para as luzes ou ar-condicionado até a redução no consumo de papel.[4]

Os líderes de plataformas são como intraempreendedores da sustentabilidade. Essa talvez seja a definição mais adequada. Orientados por metas com as quais concordaram e se comprometeram, precisam apresentar iniciativas e

---

[4] Na empresa só se utiliza papel reciclável e, como todas as impressoras foram retiradas das mesas, para imprimir algo o interessado precisa passar o crachá nas poucas máquinas disponíveis, de tal modo que se mantém um controle estrito sobre quem e quanto consome.

viabilizá-las com entusiasmo, como também definir datas e responsabilidades, entregar resultados. Nada menos do que isso. Ao presidente resta apoiá-los, cobrando as entregas combinadas. "Costumo deixar claro que, assim como eles, não tenho todas as respostas. Ninguém as tem em sustentabilidade. Mas não abro mão de querer construí-las. A gestão baseada nas plataformas nos permitiu um entendimento mais amplo da questão da sustentabilidade para o Walmart. E mais prático também. Não partimos da escolha aleatória de um único projeto para aplicar nele toda a nossa energia. Também não botamos 50 mil coisas na mesa. Optamos por uma visão sistêmica, que considera os principais impactos nossos e de nossos fornecedores", diz.

Na avaliação de Núñez, o processo tomou impulso quando os líderes sentiram sobre si a responsabilidade por um modelo de gestão global, com responsabilidades locais. O recado soou claro e límpido: trabalhar no Walmart significa integrar um movimento global de sustentabilidade. Para o ex-presidente da empresa, o que ajudou na assimilação rápida da mensagem foi o fato de as pessoas não se sentirem forçadas a ser mais ou menos sustentáveis, e sim de perceberem nas lideranças um compromisso legítimo, o que fortaleceu – acredita – um sentimento de pertencer a algo maior e mais importante, que faz diferença na vida das pessoas e do planeta.

Para tornar o processo mais "divertido", o Walmart Brasil adaptou dos Estados Unidos uma ferramenta denominada Projeto Pessoal para a Sustentabilidade (PPS), pela qual os associados são estimulados a registrar, por *e-mail* ou em uma ficha entregue no local de trabalho, compromissos socioambientais que pretendem assumir. Eles podem escolher o PPS em sete categorias: água, energia, compras responsáveis, mobilização, resíduos e reciclagem, saúde e bem-estar e voluntariado. O projeto é um sucesso. Dois anos depois de sua implantação, 81% dos colaboradores, algo em torno de 65 mil pessoas, já registraram seu plano pessoal, informando mês a mês os resultados de suas iniciativas de transformação individual. Graças ao PPS, muita gente passou a fazer trabalho voluntário, a correr mais e a fumar menos.

A experiência brasileira – festeja Núñez – está alguns quilômetros à frente da norte-americana. "O êxito desse movimento reforçou minha convicção de que os brasileiros compreenderam a mensagem de que é perfeitamente possível conciliar o nosso papel – comprar e vender – com um olhar respeitoso às comunidades, ao planeta e ao futuro", afirma.

Sustentabilidade custa mais? Vencendo a barreira comportamental

Para Núñez, a maior dificuldade encontrada durante o processo foi o entendimento do que significa ser uma empresa sustentável. Mais do que isso, o que significa sustentabilidade para o setor de varejo e para uma empresa com as características do Walmart, conservadora e muito focada em custos e preços.

Superar barreiras tem exigido intenso movimento de educação. Mais de 55 mil funcionários da companhia já receberam treinamento de vinte horas sobre temas ligados ao consumo consciente – não apenas líderes, mas também os caixas de atendimento. O propósito desse movimento é alinhar conceitos, induzir mudanças de comportamento, fortalecer um discurso único, coerente com a prática, e formar multiplicadores preparados para ser agentes de transformação.

Transposto o primeiro obstáculo, começaram a surgir dúvidas relacionadas a um dilema bastante comum nesse tipo de discussão: "ser sustentável custa mais". Não foram poucos os que questionaram Núñez sobre, por exemplo, a dificuldade de equacionar os custos mais altos da construção de prédios ecoeficientes com uma doutrina religiosamente baseada em preços baixos ao consumidor. "É fácil dizer que custa mais. Muito mais difícil é encarar o que precisa ser encarado: o caminho de sustentabilidade escolhido pela empresa não está em negociação. Se não há como não fazer, então precisamos construir as condições para fazer. Podemos falar do como fazer, mas conceito e metas não se negociam", afirma.

Fazer mais com menos é fonte de inspiração e competitividade

De acordo com Núñez, a primeira loja ecoeficiente do Walmart, construída em 2008 no bairro de Campinho, zona Norte do Rio de Janeiro, custou quase

5% mais do que uma convencional. Para que todos se sentissem confortáveis com o projeto, houve intenso debate item a item, quase uma longa reunião aberta durante meses. Todas as dúvidas técnicas foram esclarecidas. E os benefícios, apresentados. Agora – empolga-se – as lojas custam bem menos, e não há um único ser vivente com crachá da empresa que não se entusiasme com a economia de 40% no consumo de água e de 25% no gasto de energia elétrica, sem falar da redução de 30% nas emissões de CO_2 nas já seis lojas e um centro de distribuição ecoeficientes.

As ações de *green building*,[5] hoje organizadas em dez categorias com mais de sessenta iniciativas, abrangem desde o uso de fontes renováveis de energia, como a solar, até a eficiência energética na iluminação e nos sistemas de ar condicionado, passando pela gestão de resíduos e reciclagem e pelo uso responsável de água com ciclo fechado. "Desafios do tipo 'como fazer com menos recursos e em menos tempo' são inspiradores, principalmente quando se tem uma visão clara e uma missão louvável para cumprir, como é a da sustentabilidade", diz.

Desafiador é também construir soluções sustentáveis com os fornecedores. Núñez confessa que esse é um de seus atuais exercícios mentais favoritos. Além de *cool* – destaca –, "faz os neurônios funcionarem, e para uma boa causa". "Imagine", prossegue ele, "sentar à frente do presidente de uma megaempresa de bens de consumo para propor-lhe: 'E aí?, vamos fazer embalagens 5% mais sustentáveis, com produtos reciclados?' Dá uma sensação boa de que podemos colocar nossa inteligência a serviço da sociedade e do planeta. Junto com meu time, converso com fornecedores todos os dias. E a sustentabilidade é, invariavelmente, tema presente em nossas conversas. Há algum tempo, criamos uma reunião, chamada 'Top to Top', em que os principais líderes dos fornecedores se juntam com os nossos para discutir como tornar nossos negócios mais sustentáveis. Desses encontros têm surgido *joint sustainabillity plans* com empresas parceiras, como Cargill, Unilever, Pepsico, Nestlé e 3M. E já começamos até a

---

5   *Green building*, ou construção verde, refere-se a edificações sustentáveis, projetadas para reduzir o impacto ambiental, por meio da utilização mais eficiente de água, energia e outros recursos, de modo a proteger a saúde e o bem-estar das pessoas e evitar o desperdício de materiais. O conceito de *green building* compreende desde a localização do projeto até a construção, operação, manutenção, renovação e demolição.

trabalhar *sustainabillity index* comuns, para medir, por exemplo, a eficiência das embalagens".

Afinidade entre valores pessoais e empresariais

Criado nos Estados Unidos, onde se formou em administração de empresas, filho de imigrantes cubanos – o pai estudante de medicina e a mãe bailarina tiveram de aceitar o subemprego no novo país –, Núñez começou sua carreira na locadora de automóveis Hertz. Foi trabalhando nessa empresa que ele chegou ao Brasil em 1993. Aqui, junto com um amigo, investiu seu tempo e energia na tarefa de trazer a marca mexicana de sucos Del Valle, da qual foi vice-presidente executivo entre 1996 e 1999. Em seguida, foi parar na Coca-Cola, na qual permaneceu durante oito anos, tendo saído do Brasil para gerenciar a operação da companhia no Caribe, na América Central e em alguns países andinos.

Em 2006, surgiu a oportunidade que esperava de retornar ao Brasil, que – confessa – adotou como lar. Sem pensar duas vezes, disse sim ao convite do Walmart, atraído pelo desafio de ajudar a construir no país uma trajetória de sucesso para o maior varejista do mundo. A confluência entre os valores pessoais e os da nova organização também pesou – e muito – em sua decisão. "Trabalhar numa empresa com a qual você não se identifica deve ser um negócio horroroso, uma agressão à saúde mental. Para mim foi natural exercitar valores que aprendi desde a infância, como o não desperdício, numa empresa com valores e cultura muito claros. Não sei se me sentiria tão à vontade para encarnar o Capitão Água se não houvesse uma afinidade entre as minhas crenças em sustentabilidade e as do Walmart", diz Núñez, referindo-se a um fato que aparece, em outros depoimentos deste livro, como estruturante no fortalecimento da cultura de sustentabilidade numa corporação.

Muito por causa da tal "afinidade" – lembra –, não teve nenhuma dúvida da grandeza da missão de realizar no Brasil as metas de sustentabilidade propostas pela matriz. E, embora achasse a tarefa complexa, alega jamais ter vacilado em sua convicção, em grande medida porque acredita, de fato, que, em futuro próximo, os clientes preferirão comprar produtos de corporações preocupadas com a sustentabilidade. "Entendi que era a coisa certa a fazer, que ia participar de algo grande e importante. E também que eu estava no lugar certo", afirma.

Indagado sobre como deve ser e agir um líder em sustentabilidade, Núñez sintetiza o que considera um perfil ideal: "Precisa ter uma energia incrivelmente alta, muito voltada para a execução, muita disposição, enorme envolvimento. É fundamental que acredite na empresa, nos seus valores, no propósito dela. Acima de tudo, deve ter coragem e persistência para construir soluções dentro e fora da organização".

Quatro episódios para nunca mais esquecer

Em 2009, o Walmart foi eleito pela revista *Exame* como a empresa mais sustentável do Brasil.[6] A conquista – admite Núñez – causou-lhe grande surpresa, tanto mais porque, em sua avaliação, a companhia ainda tem muita estrada a percorrer. Se, no entanto, o destino parece distante – e os caminhos, muitas vezes, erráticos –, o executivo não tem dúvida da direção adotada nem da qualidade das etapas já vencidas até aqui.

Pergunto-lhe, então, em que momentos sentiu que a companhia tinha "botado o bloco da sustentabilidade na rua", para valer. Núñez destacou três. O primeiro se deu em março de 2008. Nessa ocasião, a empresa havia assinado um acordo com a Conservation International (CI)[7] e o Instituto Chico Mendes de Conservação da Biodiversidade (ICMBio),[8] para implantar um projeto de manejo sustentável na Floresta Nacional do Amapá, em uma região onde o Walmart não tinha nenhuma loja nem planejava ter. Seu objetivo, nesse pedaço

---

[6] Nesse ano, concorreram à seleção anual, promovida pelo *Guia Exame de Sustentabilidade*, 210 companhias de grande e médio porte do país. O Walmart ganhou o título máximo de Empresa Sustentável do Ano. Vinte companhias foram destacadas como modelo, entre as quais, cinco que compõem este livro: Natura, Promon, Fibria, Alcoa e Tetra Pak.

[7] Organização sem fins lucrativos, sediada em Washington (EUA), cuja missão é garantir a saúde da humanidade, protegendo os ecossistemas da Terra. A CI atua em seis iniciativas: clima, segurança alimentar, segurança hídrica, saúde, serviços culturais e biodiversidade.

[8] Autarquia ligada ao Ministério do Meio Ambiente do Brasil, criada pela Lei Federal nº 11.516, de 28 de agosto de 2007.

de floresta de 412 mil hectares, era proteger a rica biodiversidade local, oferecendo aos moradores locais uma alternativa de atividade econômica sustentável – a preservação da área evitará, por exemplo, o lançamento de 458 milhões de toneladas de carbono na atmosfera. "Como não éramos ambientalistas, e, portanto, não possuíamos domínio técnico sobre o tema, fomos movidos pela paixão de ajudar os ribeirinhos locais a pescar sem destruir a floresta", conta.

Em 2009, o próprio Núñez viajou até a base na região para checar *in loco* os avanços do projeto. "Os garimpeiros já saíram de lá. E há iniciativas sensacionais de negócios sustentáveis, como o de castanhas-do-brasil. Está dando certo", comemora.

O segundo foi o lançamento da primeira loja ecoeficiente em dezembro de 2008. O que o marcou profundamente na experiência, e também à sua equipe, foi a concretização de algo que, parecendo muito difícil, energizou e ampliou o patamar de aspirações dos times. "Lembro-me de ter dito à minha equipe: 'Diante do que acabamos de fazer, será possível que todas as lojas sejam assim?' Muitos se assustaram com minha pergunta. Mas logo perceberam que não poderíamos mais nos acostumar com um padrão inferior. Toda etapa superada pressupõe uma outra melhor", diz.

O terceiro momento – e também o mais marcante – começou a ser arquitetado, em outubro de 2008, após um encontro global de sustentabilidade do Walmart em Beijing (Pequim), na China. Nele, a empresa reuniu cerca de mil convidados, entre os quais fornecedores globais, governos e ONGs mundiais para validar seus compromissos e metas de sustentabilidade. "Com base no evento, sugiu a ideia de fazer um encontro semelhante no Brasil. Não só para falar de nossas metas. Mas para incentivar os nossos fornecedores a se comprometerem publicamente, junto com o Walmart, a tomar decisões importantes pelo futuro do planeta", conta.

Em junho de 2009,[9] São Paulo foi a sede do encontro planejado. Como gosta de lembrar Núñez, o evento representou um divisor de águas ao reunir no mes-

---

[9]   Nessa data foi lançado o Pacto pela Sustentabilidade, no qual o Walmart e seus fornecedores se comprometeram com a "construção de um futuro mais sustentável". No documento, os signatários firmaram pactos específicos pela pecuária, madeira, soja e gestão de resíduos, entre outros temas.

mo palco as maiores empresas de consumo do Brasil e do mundo para assinarem um documento comprometendo-se a cuidar da Amazônia e a desenvolver produtos mais sustentáveis, de ponta a ponta.

O fato – destaca – gerou dois resultados institucionais. Externamente, colocou o Walmart, seus fornecedores e alguns governos na posição de líderes, interessados em fazer parte da solução, e não do problema. Segundo, provocou um efeito interno ao aumentar a responsabilidade do time por se manter firme na direção escolhida.

Na entrevista, Núñez quase se esquece de mencionar o caso que ficou conhecido como a "farra do boi". Mas – sabe-se – esse episódio teve importância recente na superexeposição dos compromissos públicos de sustentabilidade do Walmart, guindando-o ao posto de protagonista desse debate no Brasil. Em 2009, a empresa liderou, junto com o Carrefour e o Pão de Açúcar, um movimento de boicote à carne de boi criado em pasto localizado em área de desmatamento da Amazônia.

Nessa ação, apontada como um dos fatos de sustentabilidade mais importantes do ano, a empresa teve o apoio de organizações como o Greenpeace e o Fundo Mundial para a Natureza (WWF). "Para uma empresa que pretende ser sustentável, acho coerente estabelecer relacionamento com ONGs importantes, porque, juntos, sem antagonismos, podemos fazer uma diferença maior. Esse caso da carne foi um bom exemplo de complementação de forças", diz.

Desafios para testar a capacidade de liderança

Na avaliação de Núñez, são muitos os desafios de sustentabilidade que se impõem a uma organização como o Walmart. O principal deles – crê – é utilizar a rede de lojas para educar os consumidores, estimulando-os a serem mais conscientes em suas escolhas. "O Brasil está vivendo um período de crescimento econômico, com ascensão de classes que passaram a consumir mais. É fundamental que sejam educadas para consumir de um modo responsável. Nós, que estamos no comando de empresas de varejo, da indústria e do setor financeiro, a despeito de nossas diferenças, ou até mesmo estratégias competitivas, precisamos atuar juntos, com maturidade, na construção de um padrão de consumo sustentável", afirma.

De que forma uma organização como o Walmart pode educar consumidores? Núñez admite que, apesar da intenção de fazê-lo, ainda não descobriu a fórmula. Mas tem experimentado estratégias, confiante na tese de que suas lojas, frequentadas por milhares de pessoas no Brasil todos os anos, constituem um "fantástico lugar para ensinar e aprender sobre sustentabilidade".

Tentativas vêm sendo feitas, com erros e acertos. Em 2008, a rede varejista começou a vender o jogo Banco Imobiliário Sustentável, cujas peças de plástico eram feitas de "plástico verde" da Braskem,[10] tabuleiro, cartas e embalagem, produzidos com papel reciclado e as transações, baseadas em créditos de carbono, em vez de moedas. No ano seguinte, estimulada pelo Walmart, a Procter & Gamble lançou um produto de lavagem que utiliza menos água no enxágue, e a Kimberly-Clark fabricou um papel higiênico à base de fibra reciclada e rolos de 50 metros em lugar dos de 30 metros, o que significa mais produto por embalagem. Em agosto de 2009, o Walmart criou o Mês da Terra. A ação temática foi repetida em 2010. Ao longo de trinta dias, o varejista prepara suas lojas, coloca informação no ponto de venda e até oferece cursos para que os clientes conheçam melhor e deem preferência aos produtos mais sustentáveis, nascidos da terra.

Informação é uma variável crítica, e por isso decisiva, na visão de Núñez. Como parte do esforço de viabilizar produtos mais sustentáveis, de ponta a ponta, o Walmart e seus fornecedores até conseguiram colocá-los nas gôndolas em janeiro de 2010. Mas o resultado, em termos de vendas, não foi o que se esperava. "Esses produtos continuam sendo um segredo. Por isso, convoquei os parceiros para dizer que precisamos deles para comunicar e explicar melhor. As melhores intenções não bastam. Sem comunicar, não educaremos os consumidores", conclui.

---

[10] Lançado em julho de 2007, o polietileno verde da Braskem foi o primeiro a ser produzido no Brasil totalmente a partir de fontes renováveis (etanol de cana-de-açúcar). Para cada tonelada de plástico verde produzido, são capturadas e fixadas até 2,5 toneladas de CO_2 da atmosfera.

Héctor Núñez

Insights	Apenas 8% dos impactos são gerados pelas lojas. O restante vem da cadeia de valor Toda solução construída em sustentabilidade amplia o patamar de aspirações
Ideias-chave	Sustentabilidade é parte do modelo de negócio e integra a cultura de *accountability* da companhia Sustentabilidade permite alinhamento de valores pessoais com os valores da empresa
Desafios	Dimensionar os impactos diretos e indiretos Usar as lojas para comunicar produtos sustentáveis e educar consumidores para a prática do consumo consciente
Obstáculos	Dificuldade de entender o que significa sustentabilidade para uma empresa de varejo Dúvidas sobre o "custo adicional" de ser sustentável
Estratégias	Realização local de metas definidas globalmente Envolvimento de fornecedores na redução de impactos Adoção de modelo de gestão baseado em plataformas e *gates* de sustentabilidade Adoção do Projeto Pessoal para Sustentabilidade Educação de todos os funcionários para o tema Definição, com os parceiros de negócio, de indicadores comuns de sustentabilidade
Momentos marcantes	Lançamento da primeira loja ecoeficiente em 2008 Lançamento de projeto de manejo sustentável no Amapá em 2008 Encontro da empresa no qual as maiores companhias brasileiras assinaram, em 2009, um pacto em defesa da Amazônia Assinatura de pacto para acabar com a "farra do boi"
Perfil do líder em sustentabilidade	Energia alta e voltada para a execução Muita disposição e envolvimento Crença na empresa e em seus valores Coragem e persistência para construir soluções

José Luciano Penido

APRENDENDO A LIDAR COM O ANTAGONISMO

NADA É MOVIDO PELO PENSAMENTO EM SI, MAS APENAS PELO PENSAMENTO PRÁTICO E DIRIGIDO A UM FIM.

Aristóteles (384-322 a.C.).

O episódio ocorreu no final dos anos 1990, porém marcou José Luciano Penido a tal ponto que ele nunca deixa de se lembrar dos seus detalhes toda vez que está diante do dilema de refletir sobre o impacto de uma empresa na comunidade.

Na época, presidente da Samarco Mineração, Penido foi visitar dom Luciano Mendes de Almeida, então arcebispo de Mariana, Minas Gerais,[11] para comunicá-lo sobre um investimento de centenas de milhões de dólares que a empresa faria naquela região. Diante de um impassível, mas atento interlocutor, desfiava, orgulhoso, um rosário de benefícios econômicos que o empreendimento traria para o lugar, quando o religioso disparou à queima-roupa, do alto da sabedoria de quem conhece de perto os impactos negativos gerados por ações como essa: "Mas, me diga, quantas meninas serão mães precocemente por causa da implantação do seu projeto?".

A pergunta de dom Luciano foi um balde de água fria para Penido. Convencido até o último fio de ca-

---

[11] Nascido no Rio de Janeiro, dom Luciano Pedro Mendes de Almeida (1930-2006) foi jesuíta e o quarto arcebispo de Mariana.

belo sobre o valor do projeto, ele não havia sequer pensado na possiblidade de uma externalidade tão negativa. "Claro que o arcebispo também enxergava os benefícios na geração de empregos. Era um homem sensível e culto. Mas ele certamente quis me educar para o fato de que, por mais bem-intencionados que sejam, empreendimentos podem gerar consequências negativas não previstas especialmente para os cidadãos mais frágeis. Isso nem sempre é considerado em estudos de impacto ambiental".

Da provocação feita pelo religioso, restou uma medida que Penido usa até hoje para avaliar quão sustentável é um empreendimento: "Olho um negócio por todos os ângulos, não só a partir dos impactos econômicos positivos, mas também dos negativos que costumam vir de carona. Todos nós, homens de negócio, ainda estamos muito focados na dimensão econômica e achamos que ela basta. Não é bem assim".

Para Penido, a palavra "sustentabilidade" tem sido aplicada em contextos muito variados, nem sempre condizentes com o conceito que ele acredita ser o mais preciso. Sustentabilidade é, em sua visão, um modelo de gestão que equilibra, de maneira conveniente, a geração de valor econômico com os valores social e ambiental, distribuindo razoavelmente entre as partes interessadas os resultados desse equilíbrio, mediante um processo de diálogo com todas elas – desde as mais afinadas com a linha de pensamento ou ação da empresa, até as mais antagônicas, sem esquecer as fracas e indiferentes.

A dica de Wolfensohn de como as sociedades escolherão as empresas vencedoras

O primeiro estalo para a importância da sustentabilidade se deu, na verdade, quatro anos antes do episódio com dom Luciano. Foi em Washington, em 1996, durante um evento na sede da International Finance Corporation (IFC), entidade ligada ao Banco Mundial (Bird). Na condição de presidente da Samarco, tomadora de empréstimo do Bird, Penido e seu diretor financeiro "bateram cartão" em um seminário desse evento. Lá havia representantes de todo o mundo. É Penido quem relata: "Na noite do primeiro dia de reunião, entre um drin-

que e outro, o presidente do Banco Mundial, James Wolfensohn,[1] disse algo que me marcou muito: 'Hoje, em certos mercados, as certificações ISO e as normas representam diferenciais competitivos. Mas a tendência é que se tornem apenas pré-requisito para estar em qualquer negócio. A sociedade julgará as empresas que merecem ser vencedoras, utilizando critérios próprios, mutáveis ao longo do tempo, que vão combinar criação de valor social com os valores ambiental e econômico'". Fez-se a luz. Melhor dizendo: soou um alarme.

A conversa com Wolfensohn provocou-lhe uma reflexão importante: a licença para operar não será mais apenas objeto de uma folha de papel outorgada por um governante, mas principalmente a aceitação do empreendimento por parte da sociedade. Portanto, o desafio que se impõe a qualquer líder empresarial é conjugar o resultado econômico de curto prazo com os resultados sociais e ambientais no longo prazo. Nenhum empreendimento se legitima se, ao dedicar-se quase tão somente ao curto prazo – cobrado pela lógica dos mercados –, a sociedade o percebe como abusivo e prejudicial aos recursos sociais e naturais.

Penido confessa que saiu da reunião bastante impressionado. Até aquele momento, o valor ambiental já andava na alça de sua mira, por causa da relação direta com o negócio da mineração. Mas o valor social passara longe. No retorno ao Brasil, desconfortável e cheio de ideias, resolveu discutir com colaboradores diretos algumas formas de gerar resultados sociais. Embora não soubesse exatamente o que fazer, Penido tinha clareza do que não fazer.

O voluntariado, celeiro de formação de novos líderes

O caminho da filantropia estava fora de questão. Não julgava que fosse esse o papel de uma empresa. Pelo contrário, desejava estimular os empregados a interagir, a enxergar os problemas de seu entorno e a participar da solução. Foi assim que decidiu começar, incentivando a atividade de voluntariado empresarial, baseado na convicção de que, por terem capacidade de análise e solução

---

[1] O australiano James David Wolfensohn (1933) foi o nono presidente do Banco Mundial, entre 1995 e 2005.

de problemas, a empresa e os profissionais que nela trabalham podem fazer enorme diferença se colocarem suas competências, seu tempo e seu trabalho a serviço do desenvolvimento da sociedade. A empresa favoreceria a infraestrutura, inclusive a de treinamento.

O primeiro passo foi realizar um levantamento com os 1.200 colaboradores, para avaliar quantos deles já faziam algum tipo de atividade voluntária regular. Chegou-se a um percentual de 2,5%, muito abaixo do padrão norte-americano, que gira em torno de 15%. "Descobrimos, na verdade, que o grupo era maior. Havia gente que fazia, mas não gostava de falar. O simples fato de a liderança demonstrar interesse e valorizar esse tipo de ação elevou para 5% o percentual", diz.

Com o apoio da ONG Comunidade Solidária, capitaneada pela antropóloga Ruth Cardoso – à época primeira-dama da República –, a Samarco treinou seu time de voluntários, mobilizou energias e talentos e identificou líderes sociais nas posições mais insuspeitadas. Orgulhoso da experiência, Penido gosta de lembrar o exemplo de um motorista de caminhão fora de estrada, cujo projeto de limpar e vegetar as margens do ribeirão do Carmo, em Mariana, mudou para muito melhor a vida na região. "É sempre gratificante descobrir líderes. Nem sempre os vocacionados para a liderança estão em cargos de chefia. Para a empresa, é muito útil colocar os chefes em trabalhos voluntários, porque os desafios dessa atividade desenvolvem novas capacidades que, depois, eles vão usar no seu trabalho", afirma, com entusiasmo.

Na avaliação de Penido, o melhor laboratório para desenvolver habilidades necessárias aos líderes em sustentabilidade é justamente o trabalho voluntário. Na prática, ao se expor em situações que exigem flexibilidade e solidariedade, o líder aprende a servir, a escutar com atenção as necessidades do outro, a otimizar recursos sempre escassos, a desenvolver capacidades que não sabia possuir. A ação solidária ensina, sobretudo, a compreender a realidade de diferentes ângulos. Alarga o horizonte de oportunidades de desenvolvimento.

Sobre a prática do voluntariado corporativo, cabe dizer que ela já foi objeto de ácidas críticas. Houve quem, no início dos anos 1990, enxergasse nela uma espécie de apropriação indevida, quase compulsória e para fins institucionais, de algo que não pertence à empresa – afinal, o trabalho voluntário é uma decisão do indivíduo. Mas não há dúvida de que essa prática, bem-implementada, com critério e planejamento, vem ajudando a sensibilizar muitas empresas para o exercício de um papel solidário e cidadão. O voluntariado ajuda a criar um ótimo clima nas organizações e, além disso, é fonte de felicidade para as pessoas que o praticam, muito mais do que para as pessoas que dele se beneficiam.

Agricultura garante sustento, floresta assegura educação

Na visão do Penido, a missão do líder é construir uma estratégia de negócio capaz de levar a empresa a ganhar dinheiro contribuindo significativamente para os objetivos mais relevantes da sociedade. Hoje, nenhuma empresa de grande porte, segundo o executivo, pode se dar ao luxo de não ter estratégias de atuação articuladas com os grandes temas ambientais internacionais, como as mudanças climáticas, a água e a terra.

Em defesa de sua tese, ele menciona um projeto da época em que havia assumido a direção da Fibria. Considerado inovador por Penido, e localizado no Rio Grande do Sul, o projeto, conduzido e implementado pela Fibria, consiste na construção de uma base florestal que inclui os pequenos agricultores do entorno. Trata-se de uma estratégia agrossilvopastoril. A ideia é partilhar riqueza. Os vizinhos do empreendimento são chamados a combinar sua produção agrícola ou pecuária com a atividade florestal. A empresa, por sua vez, repassa tecnologia, doa sementes, avaliza financiamento, garante o mercado e transforma os agricultores em parceiros de negócio. As duas partes ganham. O meio ambiente também.

Penido conta uma história que ilustra bem a plena apropriação dos benefícios do empreendimento: "Em visita à residência de um casal de assentados na faixa dos 30 anos, com dois filhos pequenos, o marido agricultor me disse que, depois de começar a plantar a combinação de árvore e comida, ele passou a colher muito mais alimentos. Feliz, a mulher concordou. Mas ela fez questão de dizer que era a floresta que ia pagar a educação dos filhos. Um casal como esse nunca será inimigo do empreendimento porque se beneficia dele. Isso é licença para operar. Isso é sustentabilidade".

Para o executivo, uma ação como essa mostra que inovação não precisa vir necessariamente de um processo novo e tecnicista. "Pode ser criar um modelo de relacionamento e articulação diferente entre pessoas, transformando o que é passivo em ativo. Se eu procuro um fazendeiro para pedir-lhe que não plante em nascentes das suas terras ou não coloque gado lá para não poluir a água, ele vai me responder que tal atitude gerará um passivo, uma perda de resultados para a sua propriedade. Mas se lhe proponho associar-se a esse sistema, ele identifica, de partida, um valor pelo sequestro de carbono e um valor pela produção de água. Passa a fazer sentido se ele obtiver renda pela água e pelo carbono, se ainda plantar madeira certificada, desenvolver atividade agrícola e criar gado. Sua propriedade passa a ter uma gestão holística", explica.

Outra ação em que a Fibria está envolvida desde 2006, juntamente com outros parceiros – como Santander, Instituto Ethos, Instituto Tomie Ohtake, SOS Mata Atlântica, Oikos e PwC –, é o Projeto Corredor Ecológico. Em junho de 2010, a Associação Corredor Ecológico do Vale do Paraíba (SP) – formada por essas entidades – deu início à implementação do projeto, com o objetivo de conservar e restaurar 150 mil hectares de mata atlântica na parte paulista do rio Paraíba do Sul. A ação está prevista para se desenrolar ao longo dos próximos dez anos.

Na posição de presidente do Conselho da Associação Corredor Ecológico do Vale do Paraíba, Penido entusiasma-se com a possibilidade ensejada pelo projeto de resgatar a biodiversidade da região, incluindo pessoas por meio de geração de renda e valorização da cultura local. Na prática, o que se pretende é recuperar as áreas de conectividade de mata atlântica entre a serra do Mar e a serra da Mantiqueira, formando corredores ecológicos, principalmente por meio das matas ciliares. Ao mesmo tempo, espera-se restaurar a cobertura vegetal nas áreas degradadas desses corredores. Além do plantio de espécies nativas e do estímulo a atividades econômicas em agrofloresta, a associação comandada por Penido quer estimular a remuneração de comunidades e produtores pelos serviços ambientais prestados, como a conservação do solo e da água, e pela floresta recuperada e conservada.

Do total de hectares, 122 mil serão reflorestados com 202 milhões de árvores nativas da mata atlântica e 28 mil serão destinados ao plantio de eucaliptos. A proposta resultará em benefícios ambientais para as águas do rio Paraíba do Sul, seus afluentes e nascentes, que abastecem algo como 10 milhões de pessoas, cerca de 90% da região metropolitana do Rio de Janeiro, além de toda a população do vale e parte da população de São Paulo.

A liderança e o respeito à diversidade, diálogo franco, visão inclusiva e equilíbrio dos três pilares

Penido chegou à Fibria (então VCP) em janeiro de 2004, depois de catorze anos na Samarco. No melhor estilo mineiro, ele modestamente admite que sua contratação decorreu do interesse do acionista de manter e ampliar a excelência operacional e econômica, harmonizando, ao mesmo tempo, o diálogo com a sociedade e a criação de valor socioambiental. "No passado, a indústria de celulose e papel impactava muito o meio ambiente. Ganhou má fama. Hoje, isso não é mais verdade, principalmente no Brasil. Primeiro, porque aqui não se utiliza nenhuma árvore nativa na produção de celulose e papel, apenas florestas plantadas. No hemisfério Norte, quando uma pessoa usa uma folha de papel, ela fica com sentimento de culpa por ter derrubado uma árvore. Aqui plantamos árvores e empregos, gerando uma externalidade positiva. Desde o final da década de 1970, as empresas brasileiras do setor começaram a incorporar tecnologias modernas em seu processo produtivo. Não descartamos produtos nos rios. Não mais lançamos odor ruim na atmosfera. Hoje, essas empresas são as mais corretas do ponto de vista ambiental", explica.

Na avaliação do presidente do Conselho de Administração da Fibria, o mais difícil para uma empresa não é produzir minério, automóvel, celulose ou papel. As companhias dispõem de recursos, tecnologia, capacidade de gestão e gente preparada para isso. "O mais desafiador é saber interpretar e lidar com os anseios da sociedade, equilibrando impactos negativos e positivos. Isso não está escrito em nenhuma lei. E muda ao longo do tempo, o que exige do líder flexibilidade e olhar atento para a dinâmica da realidade", completa.

Para ser bem-sucedida nos próximos vinte anos, a empresa terá de aprender a lidar com essas demandas da sociedade. Seu líder número 1 precisará educar os demais líderes para que pesem decisões segundo critérios de respeito à diversidade, diálogo franco e honesto, visão inclusiva e equilíbrio dos três valores, sem se descuidar do econômico. E o que irá determinar o sucesso dessa empreitada é o quanto ele consegue associar discurso com valores firmes a práticas coerentes. "Como são as pessoas que fazem a mudança na construção de modelos mais sustentáveis de negócio, os líderes devem gostar de gente. Precisam estimular a inovação, ensinar a correr riscos, motivar, lidar com o antagonismo. Essa é uma das competências que considero essenciais a um líder, e que venho procurando desenvolver ao longo do tempo", admite.

Lidar com gente foi algo que Penido começou a aprender desde muito cedo, aos 10 anos de idade, quando foi estudar em um seminário com quinhentos outros alunos. Com apenas dois anos de formado em engenharia de minas pela Universidade Federal de Minas Gerais, ele já estava no comando de duzentas pessoas. E, com quatro anos, tinha sob sua gerência uma mineração com quase mil pessoas. Tantos e tão precoces desafios o forçaram, na prática, a desenvolver habilidades e a formar a convicção de que só se obtêm bons resultados com pessoas competentes, motivadas, engajadas e alinhadas aos objetivos da empresa. Mesmo considerando que a tarefa muitas vezes exige mudanças importantes de modelo mental, educar e mobilizar pessoas para ações de sustentabilidade nunca foi uma missão tão complicada para o mineiro Penido, natural de Itabira (MG). "Sempre que se tem um bom projeto, como os relacionados à sustentabilidade, com valor claro para o indivíduo e a sociedade, as pessoas não resistem em participar. Pelo contrário, aderem sem cerimônia, com entusiasmo", afirma.

No esforço de ensinar seus líderes a conviver com o antagonismo, Penido os estimula a participar de eventos como o Fórum Social Mundial,[2] submetendo-os a uma aula prática de contato com um mundo diferente do empresarial, que

---

[2] O Fórum Social Mundial (FSM) é um evento organizado anualmente por movimentos sociais de diversos continentes, com o objetivo de elaborar alternativas para uma transformação social global. Seu *slogan* é "Um outro mundo é possível". Foi criado em 2001, como contraponto ao Fórum Econômico Mundial de Davos, na Suíça. Já teve dez edições.

se move por outros objetivos e outras lógicas, às vezes compatíveis com os da companhia, às vezes, não. A aproximação nunca é livre de conflitos. Quase sempre provoca desconforto. Mas o executivo a considera vital para o amadurecimento de seus liderados. "Estimulo meus colaboradores a construir novas possibilidades de diálogo nas comunidades onde atuamos. No Rio Grande do Sul, por exemplo, fizemos parceria com pequenos proprietários rurais, muitos deles assentados em movimentos reivindicatórios de terra, como o MST e a Pastoral da Terra. Para eles, também é difícil nos ouvir porque estão envolvidos com sua luta ideológica, sonham como nós sonhamos, precisam dar sentido à ação de sua ONG, fortalecem sua trajetória no embate, e não na cooperação. Isso muitas vezes dificulta andar junto, em projetos bons para as comunidades e o país. No entanto, é o diálogo e a firmeza de posições que constroem devagar a credibilidade. Com o passar do tempo, as pessoas vão percebendo sua honestidade de propósito e seu legítimo interesse em aprender", explica.

Valores dos acionistas conferem segurança e direção

Nessa aproximação com "outros mundos"– segundo Penido – há avanços e retrocessos. Ser sustentável pressupõe caminhar sobre um fio tênue e tenso. Ora a empresa consegue convencer lideranças locais sobre os benefícios de um empreendimento, ora precisa enfrentar a fúria de manifestantes que invadem terras privadas, cortam árvores e interrompem operações. Para o executivo, o saldo tem se mostrado positivo: "Posso lhe garantir que nossas perdas por reações violentas são menores do que as ocasionadas, por exemplo, por geadas. Considero esse o preço a pagar por um aprendizado sobre relações menos antagônicas".

A medida da sustentabilidade no negócio é, segundo Penido, não a supressão das diferenças, mas o equilíbrio entre elas. "Costumo dizer que se você parar seu carro nas proximidades de uma bela fazenda da empresa, a comunidade do entorno não pode estar morando em casebres, sob condições desumanas. Esse cenário nos deprecia. É um indicador claro de não sustentabilidade e de possível conflito social em algum momento. Quando eu olhar para o lado e não distinguir mais onde termina a fazenda da empresa e onde começa a comunidade, aí, sim, tenho certeza de que atingi um ponto de equilíbrio", diz.

Perguntado sobre o peso que têm as questões socioambientais nas principais decisões da empresa, Penido responde que 100%. Qualquer estratégia obedece, segundo ele, a uma avaliação baseada nas dimensões econômica, social, ambiental e cultural. Na busca pela harmonia entre elas, não existe uma receita pronta. A análise requer sabedoria. Não apenas do principal líder. Mas de suas equipes executivas. E sabedoria só se forma com educação, daí a importância conferida por Penido a um processo educacional dos jovens líderes que – acredita – se dará ao longo dos próximos dez anos.

Nesse esforço, ajuda muito – segundo ele – estar em uma empresa cujos acionistas principais são o Grupo Votorantim e o Banco Nacional de Desenvolvimento Social (BNDES). Os valores dos acionistas, especialmente os éticos e o compromisso com o desenvolvimento do país, representam, na visão de Penido, um norte seguro para quem trabalha na companhia. Mais do que isso, fortalecem a cultura, dando legitimidade aos sinais que as decisões gerenciais costumam enviar todos os dias ao quadro de colaboradores. "Aqui, já se sabe, de princípio, que não se aceita nenhum tipo de corrupção para se obter algum tipo de vantagem atropelando a lei, não se admite trabalho infantil, trabalho insalubre ou indigno na cadeia de valor. Segurança e saúde do funcionário estão em primeiro lugar. O fato de não transigir em valores mostra que fazemos o que pregamos. É a coerência que induz mudanças de comportamento e cria valor. Quem está na linha de frente compreende muito rápido e de forma clara esses sinais. E desenvolve o seu trabalho de forma tranquila e confortável com a prática desses valores", completa.

José Luciano Penido

Insights	Provocação feita, no final dos anos 1990, por dom Luciano Mendes de Almeida sobre o impacto de um empreendimento no aumento dos casos de gravidez precoce numa comunidade Reunião, em 1996, com James Wolfensohn, presidente do Banco Mundial, sobre os critérios socioambientais que as sociedades irão utilizar para julgar as empresas vencedoras
Ideias-chave	Sustentabilidade é um modelo de gestão que equilibra a geração de valor econômico com os valores social e ambiental, distribuindo os resultados desse equilíbrio entre todas as partes interessadas, mediante um processo de diálogo amplo e permanente Nenhum empreendimento se legitima quando olha apenas o curto prazo, cobrado pela lógica dos mercados, permitindo que a sociedade o perceba como abusivo e prejudicial aos recursos sociais e naturais Nenhuma empresa de grande porte pode deixar de ter estratégias de atuação articuladas com grandes temas da sustentabilidade, como as mudanças climáticas
Desafios	Incentivar o trabalho voluntário entre os funcionários A ação solidária ajuda a desenvolver a habilidade de compreender a realidade a partir de diferentes pontos de vista, a capacidade de servir e escutar com atenção
Estratégias	Implantação de modelo agrossilvopastoril, que combina produção agrícola e pecuária com a atividade florestal, transformando pequenos produtores em parceiros de negócio
Momentos marcantes	Implementação, em junho de 2010, do Projeto Corredor Ecológico, do qual a Fibria é uma das idealizadoras
Perfil do líder em sustentabilidade	Capacidade de diálogo franco e honesto Visão inclusiva e flexibilidade Habilidade em equilibrar os três pilares da sustentabilidade Gostar de gente Estimular a busca da inovação Ensinar os liderados a correr riscos Saber motivar e lidar com o antagonismo

Miguel Krigsner

UM ZELADOR DE CONSCIÊNCIAS

O primeiro estalo sobre a questão ambiental ocorreu em 1974, quando Miguel Krigsner era estudante de farmácia, em Curitiba, e O Boticário ainda não havia sequer sido imaginado. Foi num curso de extensão da faculdade. Ao participar de uma palestra, ele caiu irremediavelmente nas garras encantadas do ecologista José Lutzemberger.[3] Impressionou-o especialmente o modo veemente com que Lutzemberger desfilava números sobre poluição e lixo, e argumentos precisos como uma flecha em defesa do planeta.

Impactado pela energia desse pioneiro da ecologia no Brasil, o jovem curitibano prometeu a si mesmo que um dia trabalharia com aquelas ideias, embora não se atrevesse a prever quando nem como. Afinal, elas lhe pareciam demasiadamente utópicas.

À época – cabe frisar – o movimento ecológico era incipiente no mundo. Como outras organizações

> Não podemos restringir o cosmos para dentro das fronteiras de nossa limitada capacidade de visão, como o ser humano tem feito até agora. Devemos, isto sim, ampliar o nosso conhecimento de modo a incluir uma imagem completa do cosmos.
>
> Francis Bacon (1561-1626).

---

[3] Agrônomo de formação, o gaúcho José Antônio Lutzemberger (1926-2002) foi um dos primeiros ecologistas do país, tendo lançado, em 1976, o "Manifesto ecológico brasileiro: fim do futuro". Ocupou o cargo de secretário especial de Meio Ambiente no governo do presidente Fernando Collor de Mello (1990-1992).

ambientalistas, o Greenpeace – criado em 1971, no Canadá – ainda não tinha a influência mundial de hoje. No Brasil, o livro *Primavera silenciosa*[1] estava longe de ser um *best-seller*, e árvores eram vistas como entraves ao progresso preconizado pelo Brasil "grande", do governo militar de Ernesto Geisel.[2] Defender ideias ambientalistas não era exatamente uma missão fácil. Soava "hippie" demais. Nada aparentemente compatível com a visão de um universitário de perfil conservador, que ambicionava crescer na vida.

Antes de registrar um salto parabólico no tempo, até 1989, quando Krigsner começou a cumprir o juramento feito após a palestra de Lutzemberger, cabe aqui uma breve sinopse do que ocorreu no interlúdio de quinze anos.

Nesse período, afinal de contas, o jovem farmacêutico escreveu uma das mais notáveis páginas da história do empreendedorismo do Brasil. Formado em 1975, dois anos depois, abriu uma pequena botica de manipulação, transformou-a em indústria em 1982 e expandiu os negócios, criando uma rede de franquias que, em 1985, na primeira convenção de vendas da empresa, contava já com quinhentas lojas em todo o país. Assim se consolidou O Boticário – hoje, a maior rede de franquias de cosméticos do mundo.

Das fórmulas manipuladas com extrato de algas marinhas comercializadas na lojinha da rua Saldanha Marinho, no centro de Curitiba, e que tanto agradavam as senhoras de fino trato, à instalação da fábrica na vizinha São José dos Pinhais e à multiplicação de pontos de venda, "as coisas simplesmente foram acontecendo", lembra Krigsner, "sem nenhum tipo de planejamento convencional, empurradas pelas circunstâncias e pela intuição de oferecer produtos com qualidade e atendimento muito próximo".

Nessa trajetória, acompanhou-o uma ideia fixa de justiça social, cultivada desde muito cedo, lá pelos 12 anos de idade. Há uma imagem dessa época, ainda muito bem guardada num escaninho de sua memória, na qual o pai, um

---

[1] De autoria da bióloga norte-americana Rachel Carson (1907-1964) e lançado nos Estados Unidos em 1962, *Primavera silenciosa* (1964) é hoje considerado um clássico da ecologia.

[2] O militar gaúcho Ernesto Beckmann Geisel (1907-1996) foi presidente do Brasil entre 1974 e 1979. Seu governo se caracterizou pela abertura política e amenização do rigor do regime militar.

imigrante judeu-polonês, manuseava algumas peças no balcão de madeira de sua loja de roupas, quando o piá Miguel – num rompante de ousadia, ou falta de juízo, como se queira – resolveu questioná-lo sobre algo que o incomodava há algum tempo: as dificuldades das funcionárias da loja de sobreviver com um salário tão baixo. Já naquela época, ainda que de um modo pouco elaborado, ele acreditava que uma empresa não podia realizar apenas o sonho material de seu proprietário. Precisava ser um meio para a concretização dos sonhos de todos os seus colaboradores. "Penso que essa tenha sido a minha primeira noção de sustentabilidade, nascida do arroubo de um pré-adolescente preocupado, de alguma forma, com melhor distribuição de riqueza. Sustentabilidade pressupõe equilíbrio, inclusive das aspirações. As pessoas trabalham mais envolvidas se enxergam na empresa um veículo para concretizar suas aspirações socioeconômicas e pessoais", frisa.

O pai enxergava diferente, com os óculos valorativos da época e da sua condição de imigrante de guerra. E, como o seu olhar severo impunha limites claros, Krigsner não conseguiu convencê-lo. Na verdade, achou mais prudente nem tentar. Mas saiu desse episódio intimamente convencido de que, quando tivesse a sua empresa, faria diferente.

Do criativo sistema de *fund raising* ao início da Fundação

Em 1989, deu-se o segundo chamamento para a temática ambiental. Em viagem a Israel, Krigsner tomou contato com uma experiência de reflorestamento de áreas desérticas que lhe causou forte impressão. Na ocasião, conheceu o Keren Kayemet LeIsrael (KKL), um fundo ambiental com 110 anos de existência que começou a irrigar a região para possibilitar o assentamento de imigrantes refugiados da Segunda Guerra Mundial, substituindo um "jardim de pedras" por vegetação rica, abundante e diversificada. Interessou ao fundador de O Boticário, principalmente, a estratégia de captação de fundos da organização: como os recursos ali eram tão escassos quanto as árvores, o KKL buscou financiamento entre os judeus norte-americanos, mais endinheirados, oferecendo como contrapartida à generosidade dos doadores da América um certificado informando o número de árvores plantadas com a quantia recebida.

Krigsner voltou ao Brasil decidido a replicar a mesma estratégia junto aos clientes de O Boticário. E assim fez, sem qualquer plano, mais por intuição do que por sapiência. A cada dois produtos comprados nas lojas, o consumidor passou a receber um diplominha registrando em seu nome uma árvore plantada para a natureza. Consciência tranquila, comprada a custo baixo e sem esforço. "Percebi logo que uma estratégia como aquela, mais bem arquitetada, poderia fazer uma grande diferença para a recuperação de áreas devastadas. E tínhamos tantas no Brasil. Sempre me incomodou ler notícias sobre redução de florestas e matas nativas. Então chamei um engenheiro florestal da Universidade Federal do Paraná, Miguel Milano (hoje representante da Fundação Avina no Sul do Brasil), para me ajudar a pensar um jeito mais eficaz de promover reflorestamento. Num primeiro momento, ele demonstrou desconfiança. Cético, achou que eu estava tentando apenas fazer *marketing* com a questão de meio ambiente, mas me ouviu com a atenção de um zeloso professor. Perguntou-me quantos produtos eu vendia. Disse-lhe 400 mil por mês. E ele marcou uma outra reunião, o que me deixou bastante animado", conta.

No segundo encontro, Milano foi direto ao ponto, sem preâmbulos. Afirmou que o propósito era bom, mas que plantar 400 mil árvores/mês seria uma operação demasiado complexa, exigindo altos investimentos em terra, irrigação e gente para cuidar. Funcionaria melhor no Oriente Médio, onde há terra barata e desértica, cheia de pedras, não no Brasil. Sem rodeios, recomendou um ponto final no projeto, abrindo, no entanto, uma fresta de possibilidade.

Conservacionista que é, Milano testou a força da intenção do farmacêutico, propondo-lhe o caminho alternativo de criar uma fundação. Assim nasceu, em 1990, a Fundação O Boticário de Proteção à Natureza, uma das mais importantes fontes de recursos privados para o financiamento à pesquisa sobre conservação no Brasil.[3]

---

[3]   A Fundação O Boticário de Proteção à Natureza é uma organização sem fins lucrativos cuja missão é promover e realizar ações de conservação na natureza. Com suas reservas naturais, protege importantes remanescentes de dois dos biomas mais ameaçados do Brasil: mata atlântica e cerrado. Além disso, incentiva outros a também investirem na proteção de áreas naturais, apoiando projetos e remunerando por serviços ecossistêmicos.

"Não sabia o que era nem o que fazia uma fundação. Mas os argumentos que ouvi foram contundentes. Convenceram-me de que uma organização sem fins de lucro, orientada por um conselho de notáveis em meio ambiente, teria papel relevante a cumprir no encaminhamento das questões de conservação. Decidimos, então, que ela seria financiada com recursos de O Boticário. Como a ideia era custear pesquisas que às vezes podem levar até três anos para ser concluídas, tomei uma decisão importante: fixar o orçamento em 1% do valor da receita, e não do lucro, justamente para garantir que não houvesse prejuízo aos trabalhos num ano de eventual mal desempenho da empresa", explica.

No Brasil, de que se tenha notícia, uma medida como essa, de estabelecer um percentual de 1% baseado em receita, só foi tomada pelo empresário Sérgio Amoroso, do Grupo Orsa, na criação da Fundação Orsa em 1994. Esse tipo de procedimento, segundo especialistas em investimento social privado, revela, sobretudo, disposição consistente e compromisso de longo prazo com a causa.

O pacto firmado consigo próprio naquele longínquo dia da palestra de Lutzemberger começava, enfim, a realizar-se.

A sustentabilidade e os desafios de aculturação

Com mais de 3 mil lojas no Brasil espalhadas em 1.550 cidades e mil pontos de venda, além de 73 lojas exclusivas em dez países, O Boticário é a maior rede de franquias de perfumaria do mundo. Ao todo, tem 2 mil colaboradores diretos e novecentos franqueados, que geram mais de 16 mil empregos indiretos.

Hoje na presidência do Conselho de Administração do Grupo Boticário, Krigsner admite ter, entre outros papéis, o de guardião das questões socioambientais. É dele a missão de assegurar que todas as iniciativas e os novos projetos observem os critérios do *triple bottom line* numa cultura empresarial ainda muito viciada no simples *bottom line*. É também sua incumbência fazer valer no chão da empresa os princípios definidos no alto dela, sob a forma de proposta de valor corporativo, como, por exemplo, a questão ambiental. "Ela [a questão ambiental] não está apenas no produto, inclui-se no conjunto de valores adotados pela empresa. A implantação desse tipo de filosofia não é uma tarefa simples. Como se trata de uma abordagem recente, precisa ser gradativa para que os colaboradores, os parceiros e os clientes consigam ir absorvendo as ideias aos poucos", conta.

A sustentabilidade está expressa como princípio de atuação no código de conduta da empresa. Literalmente, insere-se em sua proposição ética. Segundo o código, ela "traz uma visão abrangente e integrada ao negócio, que equilibra sua viabilidade econômico-financeira com a preocupação ambiental e a construção de relacionamentos mais justos e harmoniosos com a sociedade".[4]

O relacionamento com o meio ambiente também recebeu destaque em seu código de conduta. Por meio de um item específico, O Boticário assegura que suas responsabilidades não se limitam a cumprir leis ambientais, mas que é seu papel reforçar uma cultura de respeito aos recursos naturais do planeta, incentivando colaboradores, consumidores, franqueados e fornecedores.

Na prática, os desafios de aculturação são concretos. A começar pelo próprio entendimento do conceito de sustentabilidade. Para Alquéres, "'sustentabilidade' virou uma daquelas palavras que todo mundo fala e ninguém compreende. Em torno dela, divaga-se muito, sem chegar à sua essência. E isso se deve basicamente ao fato de ser uma discussão muito nova para uma sociedade que ainda pensa de um modo velho. Há vinte anos não nos preocupávamos com esse tema. Mais recentemente, começamos a nos dar conta de que os desequilíbrios provocados pela ação gananciosa do homem, o abandono dos valores espirituais em nome dos materiais, produziram riqueza à custa do desgaste do planeta e de forma desigual para diferentes populações. Houve um aumento populacional significativo, mas o planeta continua do mesmo tamanho, só que mais degradado em seus recursos. É esse contexto que explica a urgência, hoje, de as empresas e pessoas reverem seus modos de produzir e consumir".

Para materializar os pressupostos de sustentabilidade, energizando os líderes em torno de desafios práticos, O Boticário criou uma matriz de sustentabilidade. Ela se compõe de seis grandes temas: responsabilidade organizacional, rela-

---

[4] Disponível em http://internet.boticario.com.br/Internet/staticFiles/Institucional/CodigoCondutaFranquias.pdf.

ções humanas, relações responsáveis, responsabilidade pelo produto e serviço, recursos naturais e biodiversidade e mudanças climáticas.

Desse conjunto, desdobram-se 29 subtemas, 12 dos quais considerados prioritários para o triênio 2010-2013, como, por exemplo, a avaliação do ciclo de vida do produto, a inovação na utilização de insumos e matérias-primas renováveis, o compromisso de monitorar e reduzir emissões de gases de efeito estufa, a inclusão de critérios socioambientais na seleção de parceiros de negócio e o compromisso de reduzir e eliminar materiais controversos, que possam causar danos às pessoas ou ao meio ambiente. Krigsner sabe que o desafio é grande.

Na condição de zelador da nova cultura e autoinvestido na função de bater o tambor de marcação da nau que comanda, Krigsner enfrenta resistências – "nunca oposição ou má vontade", frisa – decorrentes muito mais do desconhecimento e do que ele chama de um discurso às vezes etéreo, técnico demais, excessivamente filosófico, sem aplicabilidade concreta no dia a dia. "A resistência, quando ocorre, se dá, na maioria dos casos, em virtude do trabalho a mais gerado por mudanças de processos. Nunca por descrença. Até porque indivíduos sensíveis e inteligentes sabem que as atividades precisam hoje respeitar critérios socioambientais. Tenho certeza de que ainda nem todos os nossos colaboradores possuem uma visão clara e valorizam a sustentabilidade como eu gostaria. Muitos não têm uma noção correta do que isso significa. E, apesar da boa vontade, seguem fechados na rotina de suas atividades. Como vivemos uma vida acelerada, muito focada no mercado, há uma tendência de as pessoas, mesmo compreendendo a importância das dimensões social e ambiental, concentrarem sua energia na econômica. É quase um vício", diz.

Para o empresário, as ações adotadas no esforço de tornar a empresa ambientalmente responsável nunca devem ser radicais nem grandiloquentes e muito menos abruptas, para dar aos colaboradores a condição de aprender no ritmo adequado, minimizando a tensão que advém naturalmente de toda mudança, em especial no modelo de pensar e fazer as coisas. Precisam ser simples e práticas. Pequenas iniciativas bem encaminhadas fazem muita diferença, demonstrando que a sustentabilidade está mais ao alcance do que se imagina.

Lubrificando as engrenagens

Segundo Krigsner, os profissionais são treinados, desde a faculdade, para a racionalidade da competição, do crescimento e do mercado. Há em tudo uma noção de curto prazo, de urgência. E o que escapa dessa curva tende a ser visto como desvio de finalidade. "Tento convencer com argumentos. Não escondo que essas atividades geram trabalho adicional. Mas deixo claro que esse é o melhor jeito de fazer. Minha função é lubrificar as engrenagens para que elas funcionem a favor dessa ideia", explica. Para exemplificar, ele cita o caso do projeto BioConsciência,[5] cujo objetivo é reduzir impactos ambientais pós--consumo com base em um compromisso de responsabilidade compartilhada que envolve consumidores, franqueados, consultoras e fornecedores no ciclo de vida de todos os produtos.

Uma de suas primeiras ações desse projeto consistia em distribuir *kits* de educação ambiental nas comunidades em que O Boticário tem lojas franquea-das. Em um primeiro momento, os franqueados enxergaram nessa atividade uma tarefa extra, aparentemente sem sentido prático, por não parecer ligada ao negócio de vender, uma obrigação imposta pelo franqueador. Hoje, toda a rede aderiu. "Procuro criar proximidade com os meus funcionários, colabo-radores e franqueados. Gosto de partilhar com eles meus sonhos. Acho que consigo transmitir-lhes, com entusiasmo, a minha visão de futuro baseada nos princípios de que um negócio precisa ser sustentável e que as empresas devem se envolver cada vez mais na construção de uma sociedade mais justa. Parece utópico. E sei que muitos considerarão ingênuo ou até mesmo ridículo esse tipo de preocupação. Mas faço a minha parte em tentar contagiar quem eu puder com a ideia", afirma.

Já ao final da entrevista, pergunto a Krigsner se, na condição de zelador do tema em O Boticário, ele acha possível criar uma cultura de sustentabilidade sem líderes que acreditem no tema. Sua resposta é "não". Quais seriam, por-tanto, as qualidades desse tipo de liderança? "É alguém que vê oportunidades

---

[5] O projeto BioConsciência consiste em dispor de recipientes para clientes que desejem devolver embalagens vazias nas lojas. As embalagens recolhidas são encaminhadas para empresas de reciclagem.

onde a maioria das pessoas enxerga ameaças, alguém capaz de analisar os cenários com clareza e incorporar os desafios da sustentabilidade na estratégia do negócio. Precisa ter determinação de propósito, agir com ética e transparência, mostrar sensibilidade legítima para as temáticas sociais e ambientais, incluindo-as no planejamento e no modelo de gestão da empresa. Um líder em sustentabilidade sabe convencer, envolver e influenciar todos os que estão à sua volta, apoiando-se em crenças firmes e atitudes coerentes. Atitude é, sem dúvida, fundamental. Ele precisa saber transmitir a mensagem da sustentabilidade e a filosofia da empresa, envolvendo os diferentes públicos. Deve estimular que seus liderados inovem na busca de tecnologias e procedimentos mais sustentáveis", responde.

Miguel Krigsner

Insights	Palestra do ecologista José Lutzemberger, em 1974 Experiência de conhecer, em 1989, o KKL, fundo ambiental de Israel, e o seu trabalho de reflorestamento de terras áridas
Ideias-chave	Empresas devem ser um meio para a realização dos sonhos de todos os que trabalham nela, e não apenas de seu dono Pessoas trabalham com maior envolvimento quando enxergam na empresa um veículo para concretização de suas aspirações Ações de sustentabilidade não devem ser radicais nem abruptas, para permitir que os colaboradores aprendam no ritmo adequado Discute-se sustentabilidade, às vezes, de um modo etéreo, filosófico, sem aplicabilidade prática
Desafios	Implantar a sustentabilidade de forma gradativa para que colaboradores, parceiros e clientes consigam absorver suas ideias aos poucos Superar a resistência inicial de funcionários que decorre de desconhecimento sobre o tema e o do sentimento de que haverá trabalho adicional
Estratégias	Criação de uma matriz de sustentabilidade para organizar os desafios em seis grandes temas Inserir a sustentabilidade explicitamente no código de conduta da empresa
Perfil do líder em sustentabilidade	Sensibilidade para as temáticas social e ambiental Ousadia e capacidade de enxergar oportunidades onde outros só veem riscos Habilidade de influenciar com os seus valores Determinação de propósitos Ética e transparência Capacidade de incorporar ao planejamento os diversos públicos de interesse da empresa

José Luiz Alquéres

UM LÍDER POR CIDADES MENOS ENERGÍVORAS

> QUERER ALGO É, NA VERDADE, FAZER UMA EXPERIÊNCIA PARA DESCOBRIR DO QUE SOMOS CAPAZES.
>
> Friedrich Nietzsche (1844-1900).

Presidente da Light entre 2006 e 2010,[1] tido como líder empresarial pioneiro na abordagem das questões ambientais, o carioca José Luiz Alquéres sabe que, no debate global da sustentabilidade, o acesso a e o consumo de energia limpa constituem uma espécie de nó a ser desatado pela sociedade contemporânea. E que, no esforço de desenhar um modelo de produção e distribuição menos impactante ao meio ambiente, qualquer empresa do setor terá de fazer mais do que dela se espera, sob o risco de fazer menos do que reclama um planeta em processo visível de alterações climáticas.

Ao longo de sua vida profissional, boa parte dedicada ao negócio da energia, Alquéres afirma ter aprendido que, no tema da sustentabilidade, quem define fronteiras demasiadamente estreitas acaba por se mostrar, no final das contas, ineficaz. "No plano individual, quantas pessoas não conhecemos que

---

[1] Ao deixar a presidência executiva da Light em março de 2010, Alquéres foi convidado a assumir a presidência do Conselho de Administração da companhia, tendo, porém, declinado do convite por não concordar com o tratamento da Cemig, estatal mineira de energia que controla a Ligth, dado a diretores que fizeram parte de sua gestão.

economizam recursos como água e luz em casa, mas usam, por exemplo, mais carro do que deveriam? As migalhas poupadas ao planeta numa ponta representam pouco ou nada perto do impacto maior, gasto na outra ponta. No meu negócio, a visão de sustentabilidade está altamente contaminada pela missão de fornecer energia limpa para uma cidade 'energívora'", afirma. Energívoros somos todos nós, a rigor, que nos alimentamos com mais energia do que a necessária para sustentar um perdulário estilo urbano de viver.

"No entanto, as cidades não podem mais se dar ao luxo de serem energívoras", enfatiza Alquéres. "Se quisermos instalar, e precisamos com urgência, um novo paradigma de modelo de vida urbano centrado numa economia de baixo carbono. Logo, na condição de líder, minhas preocupações não devem se limitar a ter lâmpadas econômicas no prédio da sede da companhia. Isso é importante, claro. Mas não suficiente. Tenho a obrigação de olhar o todo do negócio. Preciso usar minha capacidade de ação para reduzir impactos de forma a fazer diferença para a humanidade", afirma o executivo, recorrendo a um raciocínio sistêmico que caracteriza, em grande medida, o jeito de pensar dos líderes em sustentabilidade.

"Olhar o todo", como sugere Alquéres em sua análise, pressupõe compreender as diferentes variáveis do problema – e suas consequências – para enfrentá-lo com mais chances de resultados efetivos. Nesse esforço, conhecimento é, de longe, a melhor arma de que se dispõe. Mais do que isso, conhecimento multiplicado. Por isso, ele desenvolveu uma receita de três passos simples, que implantou com sucesso na Light e que agora procura disseminar também entre as empresas ligadas à Associação Comercial do Rio de Janeiro (ACRJ), organização quase bicentenária, da qual é presidente desde junho de 2009. "O primeiro passo é o diagnóstico do problema, isto é, quanto a empresa emite de gases de efeito estufa. O segundo consiste em construir a solução, adotando as medidas adequadas para reduzir o lançamento de carbono na atmosfera. E o terceiro diz respeito a difundir o seu exemplo, oferecendo um novo padrão para a sociedade", explica. Medir, fazer, propagar compõem, portanto, a base de sua fórmula.

Estilo de vida urbano "come" três quartos da energia produzida no mundo

Na visão de Alquéres – um cultor dos grandes dilemas da pólis –, a sustentabilidade precisa antes começar em casa. A "casa" são as cidades onde se consomem 75% da energia produzida e distribuída no mundo. Dois terços desse volume, que equivale à metade do consumo global de energia, esvai-se nos edifícios, basicamente em climatização, refrigeração e iluminação. A outra metade se divide em duas partes. Uma abastece os processos industriais e a outra, os transportes.

Segundo Alquéres, a Light produz 20% da energia que distribui para 4 milhões de clientes em 31 cidades fluminenses. "No esforço de criar um modelo sustentável, optamos por focar nossas ações no cliente em vez de focá-las na produção. Um bom exemplo foi o que fizemos no Morro Santa Marta,[2] oferecendo geladeiras novas, com consumo de 37 quilowatts por mês, em troca de outras velhas, com dispêndio de 150 quilowatts mensais. Além do consumo de energia cinco vezes menor, os novos equipamentos não liberam gases de efeito estufa. Junto, fornecemos também lâmpadas econômicas e um chuveiro elétrico de 2.000 watts com resistência diminuta. Isso ajuda a fazer diferença", diz. Essa ação integra o projeto Comunidade Eficiente, iniciado em 2002, no contexto dos Programas de Eficiência Energética, realizados em sintonia com a regulamentação da Agência Nacional de Energia Elétrica (Aneel).

Na ponta da produção, a "sustentabilização" do negócio virá – crê – com a expansão da construção de hidrelétricas, do uso da energia eólica e da consolidação das formas sustentáveis de biomassa que vêm sendo estudadas. "A sustentabilidade é uma questão da sociedade, e não de uma empresa. As companhias não podem confrontar as novas demandas da sociedade. Precisam submeter suas ideias a um julgamento que agora inclui novos critérios e valores, ajustados ao tempo em que vivemos. Se quiserem ser admiradas e respeitadas, terão de incluir em sua proposta de desenvolvimento os pressupostos do respeito ao meio ambiente", diz.

---

[2] Favela, também conhecida como Dona Marta, localizada no bairro carioca de Botafogo.

Não resisto a perguntar a Alquéres, mais por provocação do que por curiosidade, se, atendo-se apenas a uma análise do tipo negocial, ou mercadológica, não sobressalta uma contradição intrínseca no discurso de redução de consumo de energia entre os usuários para uma empresa que, afinal de contas, vende energia. Dez anos atrás, essa lógica soaria esquizofrênica. A resposta, felizmente, é "não". "O nosso negócio não é vender energia, mas a utilidade que ela proporciona ao cidadão. Pregamos o seu uso racional porque se ela vier a faltar todos sairemos prejudicados", responde. Bons tempos estes, em que a preocupação com a potencial escassez de um recurso natural redesenha a estratégia de uma empresa, alterando premissas até então sagradas, a ponto de fazê-la convergir com os interesses mais legítimos dos cidadãos e do planeta.

O homem e suas inclinações sociais e culturais

Sobre Alquéres, os que convivem com ele no dia a dia não se acanham em destacar algumas qualidades do seu estilo de liderar. Dizem dele que costuma ter uma visão holística do negócio, demonstra preocupação genuína com as pessoas, comunica bem e de modo didático suas ideias e parece sempre preocupado em transformar sua marca numa espécie de legado positivo. Depois do trágico acidente de avião, ocorrido em maio de 2009, que levou a vida da filha Heloísa, do genro e do neto Francisco, de 6 meses, o olhar ficou claramente mais vago e bastante mais triste. A energia de realização, no entanto, permaneceu intocável.

Fora da empresa, tem fama de empreendedor serial e homem interessado na preservação do patrimônio arquitetônico e cultural – foi conselheiro, por exemplo, da Fundação Nacional Pró-Memória, da Sociedade Amigos de Tiradentes (MG) e da Sociedade de Amigos do Museu Imperial, de Petrópolis (RJ). Sua formação eclética[3] talvez explique uma qualidade comum entre os líderes sustentáveis de lidar tão bem com números quanto com gente.

Engenheiro civil formado pela Pontifícia Universidade Católica do Rio de Janeiro, especialista em urbanismo, Alquéres chegou a cursar sociologia por

---

[3] Além de Alquéres, dos líderes entrevistados neste livro, apenas Franklin Feder, da Alcoa, fez ciências sociais.

dois anos no Instituto de Filosofia e Ciências Sociais da Universidade Federal do Rio de Janeiro. Os pendores sociais foram cultivados na infância, em família. Consta que ele e seus três irmãos iniciaram-se, muito cedo, em atividades voluntárias, participando dos projetos de sua tia, Maria Eugênia Aché Pillar, também conhecida como Lalazinha, importante líder feminista que fundou, no Rio de Janeiro, organizações sociais importantes, como o Banco da Providência, a Casa da Mãe Solteira e a Comunidade de Emaús.

Apaixonado por livros, apreciador de clássicos, como Shakespeare e Dostoiévski, e de modernos, como o italiano Alessandro Baricco (autor, entre outros, de *Seda*, 1996), Alquéres já confessou a mais de um amigo o sonho de abrir uma livraria popular para vender, a preço acessível, as obras de filosofia, psicologia e artes que – julga – todo indivíduo saudável deveria ler pelo menos uma vez na vida. Ele próprio já se aventurou pelo mundo das letras, cometendo um despretensioso livro (*Petrópolis*, em coautoria com Mario Bhering, 2002) sobre a cidade fluminense de Petrópolis, onde morou por quinze anos.

Não por outra razão, perguntado sobre os livros e autores que influenciaram seu pensamento sobre a sustentabilidade, Alquéres mostrou-se mais à vontade do que no restante da entrevista. E foi citando, um a um, títulos "catalogados" numa memória de leitor de "mais de quarenta anos", cujas ideias continuam sendo uma bússola para suas decisões como líder empresarial.

Carson, Jacobs, Lomborg, Lovelock e Schumacher. Livros e ideias que não morrem

Como os jovens de sua época, no calor do movimento *flower and power*, leu *Primavera silenciosa* (1964), da ecologista norte-americana Rachel Carson.[4] Espécie de bíblia do movimento ambientalista, o livro, lançado em 1962 nos Estados Unidos, foi o primeiro a mostrar o impacto do pesticida DDT na extinção de pássaros e outros animais. Carson está para a ecologia assim como Carl

---

[4]   Rachel Carson (1907-1964) foi a primeira voz a chamar a atenção para o uso de agrotóxicos. Seu mais famoso livro tornou-se rapidamente um *best-seller* nos Estados Unidos e na Europa, um marco da revolução ambientalista e do despertar da consciência ecológica.

Sagan está para a astronomia. Preocupado com a vida urbana e seus desafios, Alquéres deteve-se, por algum tempo, interessadíssimo no enfoque, em *Morte e vida de grandes cidades* (2009), da urbanista canadense-americana Jane Jacobs.[5]

Em sua estante eclética, convivem ainda livros tão díspares como *O ambientalista cético* (2002), do cientista dinamarquês Bjørn Lomborg,[6] e o clássico *Gaia: um novo olhar sobre a vida na Terra* (1987), do cientista inglês James Lovelock.[7] Cada obra o marcou de algum modo. Algumas, claro, muito mais do que outras.

"Minha geração viveu intensamente a discussão sobre o impacto destrutivo da ação humana sobre a mãe natureza, que era uma espécie de divindade a cultivar. Quando me formei, em 1966, no auge do movimento *hippie*, fervilhava um debate mais emocional do que racional, marcado pela oposição acalorada entre desenvolvimento econômico e preservação da natureza. No livro *O negócio é ser pequeno (Small is Beautiful)* (1977), no pico da crise energética, o economista E. F. Schumacher[8] sustenta a tese de que apenas um mundo cons-

---

[5] De origem norte-americana, Jane Butzner Jacobs (1916-2005) construiu uma vida de ativismo político no Canadá. Dedicou-se ao estudo crítico do cotidiano das grandes metrópoles e seus problemas, do qual se destaca *Morte e vida de grandes cidades* (2009), livro de 1961, em que analisa o urbanismo praticado nos Estados Unidos na década de 1950.

[6] Estatístico de formação, Bjørn Lomborg (1965) é professor adjunto da Handelshøjskolen i København, também conhecida como Copenhagen Business School (CBS), e um dos mais respeitados opositores da tese dos cientistas da ONU sobre aquecimento global e do Protocolo de Kioto. Crítico ferrenho do que classifica como exageros catastrofistas do aquecimento global, suas ideias estão expostas principalmente em *O ambientalista cético* (2002).

[7] Químico, matemático e médico, James Ephrain Lovelock (1919) inventou, em 1958, o detector de captura de elétrons, dispositivo bastante útil na descoberta dos estragos causados pelo CFC na camada de ozônio. Sua famosa tese, conhecida como teoria ou hipótese de Gaia, segundo a qual a Terra é um superorganismo vivo, com mecanismos próprios para garantir a existência de vida, está exposta no livro *Gaia: um novo olhar sobre a vida na Terra* (1987). Defensor da controvertida ideia do uso da energia nuclear no combate ao aquecimento global, nos últimos anos Lovelock tem sustentado que já ultrapassamos o ponto de não retorno das mudanças climáticas e que a população da Terra dificilmente sobreviverá, crença exposta em seu livro *Gaia: alerta final* (Rio de Janeiro: Intrínseca, 2010).

[8] O estatístico e economista alemão Ernst Friedrich (Fritz) Schumacher (1911-1977) foi um dos mais cultuados pensadores dos anos 1970. Sua crítica às economias ocidentais e sua proposta de criação de um mundo descentralizado, feito à escala humana, o tornaram popular em todo o mundo. Seu livro foi apontado pelo *The Times Literary Suplement* como um dos cem livros mais influentes publicados desde a Segunda Guerra Mundial.

truído à escala humana asseguraria um jeito de viver ecologicamente sustentável. Como jovem engenheiro, via-me preso a um dilema. Não queria me sentir um usurpador da natureza por fazer o meu trabalho bem-feito. Percebi cedo que um desafio da engenharia seria o de conciliar desenvolvimento com preservação ambiental, eliminando a falsa oposição, tão comum na época. Ainda hoje acho que as ideias da teoria de Gaia têm tudo a ver com o que faço no meu trabalho", diz Alquéres.

Ao que parece, seu interesse pela sustentabilidade não está ligado apenas a um dever de atualização profissional. Diletante, também se dedica ao estudo do tema como um exercício de autoconhecimento: junto com um amigo, dono de uma pousada em Tiradentes (MG), ele se diverte em apoiar a organização de seminários informais, os quais costumam trazer gente estrelada, como o físico Fritjof Capra (autor, entre outros, de *As conexões ocultas*, 2002), e também ilustres anônimos com experiência de vida sustentável para contar.

Para o ex-presidente da Light, a visão do "small is beautiful" apresenta claras limitações práticas. Baseada no que ele chama de tese do "never give in" (nunca conceder), a proposição de Schumacher questiona, na origem, as soluções de grande porte, das quais um mundo com 6 bilhões de pessoas não pode mais abrir mão. "É urgente pensar como organizar um mundo sustentável para uma população que deve chegar a 9 ou talvez 12 bilhões de pessoas. E desenvolver um olhar mais feminino. Para mim, por exemplo, a coisa mais importante a fazer, do ponto de vista da disseminação da sustentabilidade, é a educação das mulheres. Em cerca de três quartos das sociedades do mundo, elas têm um papel diminuto, seja no controle da natalidade, seja na representação política. Pensando na causa ambiental, um grande programa de emancipação da mulher certamente mudaria muito mais, e para melhor, as coisas do que todos os projetos de baixo carbono no mundo. Mas, voltando ao que falávamos, o negócio do engenheiro é provar que há lugar para grandes obras feitas com cuidado socioambiental", diz, com convicção. Uma convicção não exatamente recente.

Imposto verde, reciclagem, energia hidrelétrica e veículos elétricos. A certeza de estar sempre do "lado certo"

Em meados dos anos 1990, Alquéres encaminhou uma proposta de "comércio verde" ao empresário ligado ao ramo de papel e celulose, Israel Klabin.[9] Sua ideia era criar uma espécie de imposto internacional por país baseado no grau de emissão de carbono por unidade de Produto Interno Bruto (PIB). Como o Brasil tinha e tem uma baixíssima composição de emissões por unidade de PIB, graças a uma matriz baseada em hidreletricidade e álcool combustível – opções menos intensivas –, Klabin entendeu que, além de justa, a proposta de Alquéres beneficiaria o país, na medida em que seus sucessivos governos tinham investido mais para poluir menos.

Para apresentar a ideia a gente com influência internacional, Klabin organizou um jantar com Henry Kissinger.[10] Depois, em São Paulo, em evento organizado pelos empresários Jorge Paulo Lemann e Claudio Haddad, Alquéres pôde levar a mesma ideia a Margareth Thatcher.[11] Se "comprassem" o projeto – pensava Alquéres – haveria alguma chance de fazê-lo chegar à pauta de alguma reunião do G-7. A receptividade foi nula. Com a experiência, o executivo aprendeu que boas ideias não valem por si, mas pela época e contexto em que são defendidas. Tivesse vingado à época – acredita – a China, um dos países com mais elevado índice de emissão por unidade de PIB, teria crescido menos e mais saudavelmente do que o registrado na última década.

Alquéres também se orgulha de ter estado sempre "do lado certo", em compasso com as certezas técnicas e crenças que o distinguiram nos vários postos

---

[9]   Israel Klabin (1926) foi prefeito do Rio de Janeiro entre 1979 e 1980, e hoje preside a Fundação Brasileira para o Desenvolvimento Sustentável (FBDS).

[10]   Henry Alfred Kissinger (1923), diplomata norte-americano de origem judaico-alemã, teve importante papel na política de relações internacionais dos Estados Unidos, entre 1968 e 1976. Republicano, foi conselheiro para política externa de todos os presidentes norte-americanos, de Dwight Eisenhower a Gerald Ford. Foi braço direito do presidente Richard Nixon (1969-1974).

[11]   Primeira-ministra do Reino Unido entre 1979 e 1990, Margaret Thatcher (1925), também conhecida como Dama de Ferro, foi uma figura muito influente na política internacional durante a década de 1980. Adepta do liberalismo econômico e do Estado mínimo, ficou famosa por seu programa de privatização dos serviços públicos no Reino Unido.

executivos que ocupou na Light, Eletrobrás, Alstom e BNDES, ou nos conselhos de Furnas, Itaipu, Holcim, MMX, Alcoa e bancos Crédit Lyonnais e Calyon.

Em 1972, o engenheiro redigiu, a pedido, um *paper*, a ser apresentado na Conferência de Estocolmo.[12] Nele, Alquéres questionava a famosa tese do Clube de Roma[13] de que o mundo ia acabar por falta de recursos, e, baseado na teoria dos sistemas,[14] defendia a reciclagem como resposta à necessidade de maior responsabilização das empresas pelas externalidades da produção. Porém, rejeitado pela comitiva brasileira, o documento não chegou a ser apresentado. Dois anos mais tarde, no auge do confronto entre defensores do programa de hidrelétricas e os favoráveis ao programa nuclear, Alquéres preferiu ficar com os primeiros. Em 1979, em sua primeira passagem, de quatro anos, pela Light, implantou uma superintendência de racionalização energética. E, na mesma companhia, em 1981, instalou no alto do edifício-sede a maior área de coletores solares da América Latina, iniciativa que produziu água quente para 4 mil pessoas.

No final dos anos 1980, na Eletrobrás, capitaneou o primeiro plano diretor de meio ambiente do setor elétrico. Lá, montou também um conselho de meio ambiente responsável pela criação de padrões de sustentabilidade para as operações de empresas do setor. Já na Light, onde ocupou a presidência por quase quatro anos, instalou uma inédita diretoria de desenvolvimento susten-

---

[12] Trata-se da I Conferência das Nações Unidas sobre o Meio Ambiente Humano, reunida em Estocolmo entre 5 e 16 de junho de 1972, e a primeira de uma série de encontros convocados pela ONU em que se procura obter o compromisso dos países de adotar políticas ambientais.

[13] Fundado em 1968 pelo industrial italiano Aurelio Peccei e pelo cientista escocês Alexander King, o Clube de Roma reuniu um grupo de notáveis pensadores. Tornou-se muito conhecido a partir de 1972 por causa da publicação do relatório *Os limites do crescimento*, elaborado por uma equipe do Massachusetts Institute of Technology (MIT), chefiada por Dana Meadows. O relatório, que ficaria conhecido como *Relatório do Clube de Roma* ou *Relatório Meadows*, tratava de problemas cruciais para o futuro desenvolvimento da humanidade, como energia, poluição, saneamento, saúde, meio ambiente, tecnologia e crescimento populacional.

[14] A teoria dos sistemas foi proposta em 1937, pelo biólogo austro-americano Ludwig Von Bertalanffy (1901-1972). De acordo com essa teoria, sistema pode ser definido como um conjunto de elementos interdependentes que interagem com objetivos comuns, de modo a formar um todo no qual cada um dos elementos componentes se comporta, por sua vez, como um sistema cujo resultado é maior do que o resultado que as unidades poderiam ter se funcionassem independentemente. Esse conceito está na base do chamado "pensamento sistêmico", que tanto influenciou as ciências administrativas.

tável para cuidar da implantação do *triple bottom line* nas atividades da área de concessão da empresa. Foi um dos primeiros executivos brasileiros – senão o primeiro – a circular a bordo de um Toyota Prius, o revolucionário carro de motor híbrido elétrico-bioetanol que, de alguma forma, ajudou a empresa japonesa a chegar ao posto de maior fabricante mundial de automóveis.

Não por acaso, uma das bandeiras de Alquéres é a expansão do uso de veículos elétricos. Não apenas para transporte individual, mas também para o coletivo. Hábil na esgrima de números e argumentos, o executivo apresenta as razões de sua defesa: "Quase 30% do consumo global de energia são realizados pelo setor de transportes. Logo, a adoção do transporte elétrico limpo vai gerar benefícios claros do ponto de vista ambiental (com menor emissão de carbono), de saúde (redução de custos médicos com tratamento de doenças respiratórias) e de qualidade vida. Com um veículo coletivo elétrico, por exemplo, as viagens ficam mais rápidas e as pessoas ganham mais tempo para atividades pessoais".

Na ACRJ, Alquéres comanda um grupo de especialistas que está estudando a implantação de ônibus elétricos na cidade do Rio de Janeiro – tema complexo, por envolver questões como o sistema de concessões de ônibus e alterações profundas na infraestrutura urbanística. Seu sonho pessoal – agora mais próximo, com a escolha do Rio de Janeiro como sede das Olimpíadas de 2016 – é transformar a Cidade Maravilhosa na cidade "mais verde" do Brasil. Nesse sentido, a ACRJ lançou e assinou com a Prefeitura do Rio de Janeiro o protocolo Rio-Sustentável, que fez da capital fluminense a primeira grande cidade com metas de redução de emissões para 2012, 2016 e 2020.

Liberdade, a "crença de todas as crenças"

Indagado sobre o que precisa ter um líder para ser sustentável, Alquéres aponta duas qualidades. Primeiro, a capacidade de enxergar o todo, e não apenas um aspecto da sustentabilidade. Segundo, ele deve analisar o todo a partir de fronteiras amplas, e não pela ótica de sua pequena comunidade. "O Chico Mendes[15]

---

[15]   Nascido em Xapuri (AC), Francisco Alves Mendes Filho (1944-1988) foi seringueiro, sindicalista e impor-

foi um grande homem, uma figura emblemática da história da preservação ambiental. Mas não o vejo como um líder de sustentabilidade para o mundo. O líder para o mundo pode estar atuando no setor de alumínio, aço, automóveis ou mineração. Um líder sustentável de negócios deve ter uma visão sistêmica do tema se quiser ser eficaz em sua ação. Precisa criar uma consciência. Tome o caso do Al Gore.[16] Ainda que, sem tanta bagagem científica e usando um discurso utilitário, sua pregação decidida ajudou, inegavelmente, a sensibilizar a Europa, a mudar cabeças em todo o mundo e até, em alguma medida, a eleger o presidente Barack Obama", afirma.

De acordo com Alquéres, um líder sustentável precisa respeitar a ideia de liberdade, adotando-a como uma espécie de "crença de todas as crenças". "O exercício pleno da liberdade está na essência da dignidade do homem. Mas hoje ele deve partir do reconhecimento de limites éticos relacionados ao conjunto de direitos não apenas dos outros indivíduos, mas dos componentes da natureza. É possível demolir montanhas? Sim, é possível. Mas, se atribuímos, por exemplo, o direito à integridade da Pedra da Gávea pelo que ela representa, ou ao Corcovado, eles não podem simplesmente ser demolidos. Acredito nessa crença da liberdade com ética", explica. "A vida nasceu na Terra há cerca de 4 bilhões de anos. E o homem é a única espécie viva que interferiu e vem interferindo no seu equilíbrio. Sua liberdade precisa reconhecer as fronteiras de uma nova ética. Uma ética de relacionamento com o outro e com as coisas da natureza, do presente e do futuro. E uma ética, muito afinada com a essência humana, que é a do culto ao belo. Essa capacidade de se sensibilizar com uma paisagem ou enfeitar um defunto, preparando-o para sua jornada no além-túmulo, são as manifestações mais antigas do belo. Vieram antes que começássemos a pintar as cavernas. Liberdade, comportamento ético e o amor à beleza são, para mim, os três valores fundamentais", conclui.

---

tante ativista ambiental. No dia 22 de dezembro de 1988, Chico Mendes foi assassinado com tiros de escopeta, na porta dos fundos de sua casa, quando saía para tomar banho. Antecipando que seria morto por causa de sua luta pela preservação da Amazônia, ele buscou proteção policial, mas não foi atendido.

[16] Albert Arnold (Al) Gore Jr. (1946), vice-presidente dos Estados Unidos durante o governo Bill Clinton (1993-2001), é ativista ambiental e autor de *Uma verdade inconveniente* (2006). Prêmio Nobel da Paz de 2007, com o IPCC.

Na Light – destaca – ele trabalhou os valores da coragem, perseverança e alegria. Uma empresa que queira introduzir a sustentabilidade entre seus valores precisa cultivar equilibradamente os três atributos, transformando-os em prática cotidiana. Enquanto presidiu a Light, um dos seus papéis como líder em sustentabilidade foi justamente colocar os valores no centro da atitude cotidiana de 4 mil funcionários e 8 mil colaboradores.

Insights	Ideias e conceitos aprendidos nos livros *Primavera silenciosa, Morte e vida de grandes cidades, O ambientalista cético, Gaia: um novo olhar sobre a vida na Terra* e *O negócio é ser pequeno (Small is Beautiful)*
Ideias-chave	Quem define fronteiras estreitas em sustentabilidade acaba sendo ineficaz na busca de soluções As cidades, onde se consomem 75% da energia produzida, precisam deixar de ser "energívoras", adotando um modelo de baixo carbono
Desafios	Pregar o uso racional da energia nas grandes cidades Implantar o transporte coletivo elétrico na cidade do Rio de Janeiro Educar e dar direitos plenos às mulheres é a questão mais importante para um mundo sustentável
Estratégias	Medir, fazer, propagar. Receita de três passos: 1) Identificar quanto a empresa emite de carbono 2) Adotar medidas para reduzir impactos 3) Disseminar o exemplo, criando um novo padrão de atuação Implantação de programa de eficiência energética nas grandes indústrias, e também em comunidades como o Morro Dona Marta, no Rio de Janeiro, com substituição de geladeiras, chuveiros e lâmpadas Instalação de coletores solares no edifício-sede da Light (1981) Criação de uma diretoria de desenvolvimento sustentável na Light
Momentos marcantes	Elaboração de *paper* sobre reciclagem (recusado pela comissão brasileira) para a Conferência de Estocolmo (1972) Defesa da energia hidrelétrica e oposição à adoção da energia nuclear, no auge desse debate no Brasil (1974) Realização do primeiro plano diretor de meio ambiente no setor elétrico, na Eletrobrás (final dos anos 1980) Apresentação de proposta de imposto verde a Henry Kissinger (meados de 1990)
Perfil do líder em sustentabilidade	Capacidade de enxergar o todo, e não apenas um dos aspectos da sustentabilidade Analisar o todo a partir de fronteiras amplas, não só pela óptica de sua comunidade ou interesse particular Crença na liberdade, comportamento ético e amor à beleza Coragem, perseverança e alegria

3

Atributos e crenças na visão dos líderes sustentáveis

Sobre atributos de um líder em sustentabilidade

"Em primeiro lugar, para que a prática da sustentabilidade seja implementada com consistência e sucesso, é preciso que o líder elabore um planejamento de longo prazo, a fim de garantir a continuidade das ações, pois se trata de uma mudança cultural. O líder precisa vislumbrar o futuro e se antecipar às tendências, para garantir a renovação dos ciclos econômicos, ambientais e sociais, sempre engajando equipes e demais públicos de interesse e mantendo a coerência entre o discurso e a prática. Finalmente, tem de assumir o papel fundamental de facilitador e disseminador do conceito em toda a empresa. A coerência entre o discurso e a prática é imprescindível. O que distingue os líderes é justamente o comportamento diferenciado, presente em atitudes cotidianas, como, por exemplo, o respeito pelas equipes de trabalho e demais públicos com os quais se relaciona."

Antonio Maciel Neto, presidente da Suzano Papel e Celulose.

"Para fazer a diferença em sustentabilidade, o líder precisa utilizar bem a sua capacidade de mobilização dentro e fora da companhia. O tema deve, portanto, estar formalmente em sua agenda. É dele o papel de vendê-lo bem aos colaboradores, incluí-lo nos planos estratégicos e mostrar as relações com o negócio no longo prazo.

Coerência de pensamento é fundamental. Consistência nas ações, também. Se a sustentabilidade integra a filosofia da empresa e está no conjunto de seus valores, então o líder precisa integrá-la nas estratégias, transformando-as em programas de ação. Mais do que isso, deve cuidar para que seja bem implementada. O líder não precisa ser necessariamente um bom comunicador, embora seja imprescindível expressar-se de maneira estruturada e coerente. Melhor que esteja muito próximo das pessoas, que tenha a abertura para aprender com os outros que sabem mais, humildade para rever práticas, flexibilidade para mudar sempre que necessário, interesse em fazer o conhecimento circular. Se não tem essas características, o líder pode acabar limitando os seus liderados e, no extremo, o seu mercado e o país. Uma das grandes missões do líder em sustentabilidade é formar outros líderes em sustentabilidade."

Carlos Bühler, ex-presidente da Holcim.

"Um líder precisa compreender que a sustentabilidade é, acima de tudo, um tema de inovação. E que, por essa razão, está no cerne de negócio, devendo ser tratada, portanto, como oportunidade para a companhia ampliar seus horizontes, e não objeto de práticas socioambientais isoladas. O aquecimento global é um *drive*. Está exigindo medidas concretas de governos e empresas. O líder tem de saber contextualizar circunstâncias como a das mudanças climáticas em seu negócio e mercado. Questões como cogeração de energia, gestão de água e tecnologias de mobilidade para grandes aglomerados urbanos estão na nossa pauta. O líder é fundamental, tem de dar o tom, mostrar o exemplo, puxar a organização. Mas ele não faz nada disso sozinho. Para aglutinar os colaboradores e os demais *stakeholders* em torno da ideia da sustentabilidade, precisa saber comunicar bem, quantificando impactos, sobre como a empresa está contribuindo em termos de resultados para a sociedade e o planeta."

Adilson Primo, presidente da Siemens no Brasil.

"O líder sustentável deve estar conectado com as mudanças, ter sensibilidade contextual, saber interpretar os sinais do mercado e antecipar-se a ele, identificando oportunidades e criando suas estratégias de atuação. Para isso, precisa passar credibilidade, despertar a confiança, ter senso de justiça e ética, comunicar com transparência, formar parcerias e redes de valor e, principalmente, estabelecer coerência entre suas estratégias e ações. O líder sustentável cria valor no presente, sem destruir os recursos do futuro."

C. Belini, presidente da Fiat do Brasil.

"O perfil do líder começa com um entendimento amplo dos elementos e relações sociais, e de um posicionamento em favor de um conjunto de valores e princípios. Uma parte importante do papel do líder é inspirar sua equipe e influenciar outros líderes. E isso só acontece quando as suas atitudes estão em conformidade com o seu discurso. Resta transformar esse posicionamento, essa vontade de realizar, em ações concretas. E para isso é preciso dominar um vasto conjunto de conhecimentos técnicos que lhe permitam operar. Hoje, felizmente, fala-se muito em sustentabilidade. Mas quantos líderes conhecem a fundo indicadores, métricas e práticas que tangibilizam uma gestão sustentável? Eis aí um campo no qual o discurso carismático não é suficiente, e é preciso preparar-se longa e cuidadosamente. Além do domínio dessas ferramentas, processos e linguagens – fundamentais para transformar o discurso em prática –, espera-se que o líder tenha visão de futuro, perceba e antecipe tendências, e amplie, ele mesmo, os conceitos e práticas. Não basta tocar as coisas *by the book*, é preciso criar o futuro, e que esse seja melhor e também sustentável."

Wilson Ferreira Júnior, presidente da CPFL Energia.

"O líder deve ter uma visão mais ampla de que a empresa é parte integrante da sociedade, e o que ela faz impacta a vida de pessoas e do planeta. Seu discurso precisa refletir suas atitudes. Ele tem de agir no trabalho como age em casa. Transparência, clareza, habilidade para dialogar e se relacionar, especialmente com os mais jovens. Isso é fundamental. Coragem para fazer as mudanças e espírito de inovação também são comportamentos esperados. Quando desenvolve uma estratégia, ele precisa acreditar nela e ter a capacidade de comunicá-la, de tal forma que todos os colaboradores a compreendam e a valorizem. O líder em sustentabilidade é alguém que enxerga a complexidade do tema e todas as suas implicações para o negócio."

Rolf Dieter Acker, ex-presidente da Basf no Brasil.

"Um líder precisa impactar, já que a sustentabilidade ambiental vem crescendo e trazendo para a pauta uma discussão mais complexa entre as organizações. Responsabilidade social e sustentabilidade são assuntos ainda em evolução. Há líderes diversos, e de diversos tipos, mas acredito que dentro da organização é a soma deles que compõe o todo. O líder pensa no todo e no equilíbrio. O que o distingue é o simples fato de ele não fazer o que todos estão fazendo. Uma boa ferramenta para observar líderes em potencial é o trabalho voluntário."

Sérgio Amoroso, diretor-presidente do Grupo Orsa.

"O líder deve ter valores sólidos e claros, conduta ética, cultura geral e entendimento dos grandes temas, desafios e oportunidades em nível local, nacional e mundial, como, por exemplo, aquecimento climático, crise energética, futura crise da água, pobreza, conflitos armados e terrorismo. Deve enxergar esses temas como um desafio e uma oportunidade, não só como problema. Precisa ter atitude proativa, ser aberto a mudanças e inovador, ter visão de longo prazo e perseverança."

Júlio Moura, presidente e CEO do Grupo Nueva.

"Não se muda um modelo de negócios de fora para dentro nem de baixo para cima. Por isso, o líder em sustentabilidade precisa acreditar muito e querer profundamente fazer a mudança acontecer. Os obstáculos são enormes. Deve ter a energia necessária para contaminar outras pessoas, cooptar, capacitar e fortalecer novos líderes, criar novas teclas e novos estímulos, estabelecer novos padrões de *performance* e avaliação de pessoas e sistemas. E, principalmente, compreender que não tem todas as respostas, que o mundo é mais complexo do que se imagina, que existe um horizonte futuro a ser preservado e que devemos agir com responsabilidade em relação às gerações futuras. Sobretudo, esse líder precisa ter a coragem necessária para sustentar decisões difíceis quando for desafiado pelos dilemas dos negócios."

Marcelo Araújo, presidente do Grupo Libra.

Sobre crenças de um líder em sustentabilidade

"Um líder deve acreditar no seu papel de desenvolver a sociedade. A responsabilidade socioambiental não pode ficar só nas ações específicas da empresa. É fundamental educar as partes interessadas para o tema, incluí-las na discussão, tomar decisões corretas, que reforcem a importância do tema e sensibilizem os públicos, criando cultura. É fundamental também exercer influência cada vez mais forte, junto aos governos, no desenho e na elaboração de políticas públicas de alguma forma relacionadas com os temas da sustentabilidade, como, por exemplo, gestão de resíduos e o incentivo a fontes de energia renováveis. De nada adianta a empresa estar avançada no tema, se os seus parceiros, fornecedores, comunidades e clientes não estão. Para avançar, a sustentabilidade requer consciência e conhecimento. Pressupõe responsabilidades que são indelegáveis. O líder precisa estar convicto disso."

Carlos Bühler, ex-presidente da Holcim.

"Partindo do pressuposto de que não se constroem sozinho soluções de negócio sustentáveis, o líder deve crer no valor de identificar e formar líderes em sua organização. Deve ser um mentor entusiasmado, um educador interessado, coerente em suas atitudes e decisões. Deve semear talentos, criando condições para que eles se desenvolvam."

Adilson Primo, presidente da Siemens no Brasil.

"Em primeiro lugar, um líder deve ter coragem para defender mudanças. Também é preciso crença na habilidade de promover o diálogo entre as partes interessadas. Além disso, deve motivar e envolver equipes, assim como investir nas habilidades de cada um. O bom líder é aquele capaz de identificar as características, profissionais e emocionais, de seus liderados. Deve energizar as equipes e fazer com que estas energizem a organização. Iniciativas sustentáveis são, nesse ponto, a somatória do trabalho, eficiente e responsável, de profissionais criativos, organizados, humanistas e felizes com seu próprio ofício."

C. Belini, presidente da Fiat do Brasil.

"A crença básica é contribuir, por meio do seu trabalho, para a construção de uma sociedade mais justa e viabilizar um mundo possível para as próximas gerações. A partir disso, a questão pode assumir *nuances* individuais, como preferir dedicar-se às questões ligadas ao meio ambiente ou à mobilização social. Em nosso caso, temos sempre em mente que, no universo empresarial, sustentabilidade também significa o monitoramento das decisões presentes, com vistas ao controle de riscos futuros. Multiplicam-se os exemplos de companhias rentáveis e em expansão que, subitamente, experimentam forte depreciação no valor de suas ações, em função de decisões tomadas há anos ou até décadas. Trata-se de passivos trabalhistas, ambientais e de imagem, frutos de decisões que não consideraram os impactos das atividades e cuja conta é transferida para os futuros administradores da empresa, e também para as futuras gerações."

Wilson Ferreira Júnior, presidente da CPFL Energia.

"É preciso convicção. Tenho a impressão de que a convicção vem de um processo de reflexão interna. Ninguém consegue pensar no outro se não estiver bem consigo mesmo. Um questionamento sobre o que é bom para todos faz a diferença para o líder. A melhor ética é a do coração, o que nós sentimos é o que vale. A transparência é a chave do negócio."

Sergio Amoroso, presidente do Grupo Orsa.

"Entre as coisas mais importantes para a sustentabilidade estão educação, conhecimento e conscientização. Ética e transparência também são importantes. Não adianta dizer e não ser. Transparência é fundamental."

Marcelo Takaoka, presidente da Takaoka.

Bibliografia

(AL) GORE JR., Albert Arnold. *Uma verdade inconveniente*. Barueri: Manole, 2006.

ALBRECHT, Karl. *Inteligência social: a nova ciência do sucesso*. São Paulo: Makron, 2006.

_____. *Programando o futuro: o trem da linha Norte*. São Paulo: Makron, 1994.

_____. *Revolução nos serviços*. São Paulo: Cengage Learning, 1992.

ALMEIDA, Fernando. *Os desafios da sustentabilidade: uma ruptura urgente*. Rio de Janeiro: Campus Elsevier, 2008.

ANDERSON, Ray. "Criando uma cultura de sustentabilidade na empresa". Em *Ideia Sustentável*, nº 12, seção Livre Pensar., jun.-ago. de 2008,

BARRETT, Richard. *Libertando a alma da empresa*. São Paulo: Cultrix, 2000.

BENNIS, Warren. *A essência do líder: o grande clássico de liderança*. Rio de Janeiro: Campus Elsevier, 2010 (ed. orig. ingl.: 1989; ed. rev. ingl.: 2009).

_____. *On Becoming a Leader, apud* BOYETT, Joseph & BOYETT, Jimmie. *O guia dos gurus*. Rio de Janeiro: Campus, 1999.

_____ & HEENAN, David A. *Co-Leaders: the Power of Great Partnerships*. Nova York: John Wiley, 1999.

BERTHON, Bruno; ABOOD, David J.; LACY, Peter. "Can Business Do Well by Doing Good?". Em *Outlook*, nº 3, outubro de 2010.

_____ & BOYETT, Jimmie. *Beyond Workplace 2000*. Nova York: Plume, 1995.

_____ & BOYETT, Jimmie. *O guia dos gurus: os melhores conceitos e práticas de negócios*. Rio de Janeiro: Campus, 1999.

CAPRA, Fritjof. *As conexões ocultas: ciência para uma vida sustentável*. São Paulo: Cultrix, 2002.

_____. *O ponto de mutação: a ciência, a sociedade e a cultura emergente*. São Paulo: Cultrix, 1982.

_____. *O Tao da física: um paralelo entre a física moderna e o misticismo oriental*. São Paulo: Cultrix, 1983.

_____. *A teia da vida: uma nova compreensão científica dos sistemas vivos*. São Paulo: Cultrix, 1996.

CARSON, Rachel. *Primavera silenciosa*. São Paulo: Melhoramentos, 1964; reed.: São Paulo: Gaia, 2010.

CHARAN, RAM. *Know-how: as oito competências que separam os que fazem dos que não fazem*. Rio de Janeiro: Campus Elsevier, 2007.

COLLINS, Jim. *Empresas feitas para vencer*. Rio de Janeiro: Campus, 2001.

_____. & PORRAS, Jerry I. *Feitas para durar: práticas bem-sucedidas de empresas visionárias*. Rio de Janeiro: Rocco, 1995.

COMISSÃO MUNDIAL SOBRE MEIO AMBIENTE E DESENVOLVIMENTO. *Nosso futuro comum*. Rio de Janeiro: FGV, 1988.

COVEY, Stephen R. *Os sete hábitos das pessoas altamente eficazes*. São Paulo: Best Seller, 1989.

_____. Stephen R. *Principle-Centered Leadership*. Nova York: Summit, 1991 (ed. bras.: *Liderança centrada em princípios*. São Paulo: Best Seller-Nova Cultural, 1992).

DE PREE, Max. *Liderar é uma arte*. Lisboa: Difusão Cultural, 1990.

DROSDEK, Andréas. *Filosofia para executivos*. Campinas: Verus, 2003.

DRUCKER, Peter. *As cinco perguntas essenciais que você sempre deverá fazer sobre sua empresa*. Rio de janeiro: Campus, 2008.

_____. *Sociedade pós-capitalista*. São Paulo: Pioneira, 1999.

GARDNER, Howard. *Mentes que lideram*. Porto Alegre: Artmed, 1995.

_____. *Mentes que criam*. Porto Alegre: Artmed, 1996.

GARDNER, John W. *On Leadership*. Nova York: Free Press, 1990 (ed. bras.: *Liderança*. Rio de Janeiro: Record, 1990).

GUERREIRO, Carmen. "Vida solidária: gestão e solidariedade – a doutora dos mais pobres entre os pobres". Em *Ideia Sustentável*, São Paulo, março de 2007.

HANDY, Charles. *A era da irracionalidade*. Lisboa: Cetop, 1992.

_____. *O elefante e a pulga*. São Paulo: Futura, 2003; 1ª ed. ingl.: 2001.

_____. *The Future of Work*. Oxford: Blackwell,1984.

_____. *The Hungry Spirit*. Londres: Randon House, 1997 (ed. port.: *O espírito faminto*. Lisboa: Cetop, 1998).

_____. *The New Philanthropists*. Londres: William Heinemann, 2006.

HAWKEN, Paul. *The Ecology of Commerce*. Nova York: Harper Business, 1993.

_____. *The Next Economy*. Nova York: Ballantine, 1983.

_____; LOVINS, Amory; LOVINS, Hunter *Capitalismo natural: criando a próxima revolução industrial*. São Paulo: Cultrix, 2000.

HUNTER, James. *O monge e o executivo*. Rio de Janeiro: Sextante, 2004.

JACOBS, Jane. *Morte e vida de grandes cidades*. 2ª ed. São Paulo: Martins Fontes, 2009.

LACY, Peter *et al. A New Era Of Sustainability: UN Global Compact-Accenture CEO Study 2010*, junho de 2010.

LOMBORG, Bjørn. *O ambientalista cético*. Rio de Janeiro: Campus, 2002.

LOVELOCK, James Ephrain. *Gaia: um novo olhar sobre a vida na Terra*. Lisboa: Edições 70, 1987; reimpr.: 2007.

NAISBITT, John. *Megatendências*. São Paulo: Abril Nova Cultural, 1982.

_____. *O líder do futuro*. Rio de Janeiro: Sextante, 2007.

NANUS, Bart & BENNIS, Warren. *Líderes: estratégia para assumir a verdadeira liderança*. São Paulo: Harbra, 1988; ed. ingl.: 1985.

ORGANIZAÇÃO das Nações Unidas. Comissão Mundial sobre Meio Ambiente e Desenvolvimento. *Nosso futuro comum*. Relatório. Rio de Janeiro: FGV, 1988.

ORGANIZAÇÃO das Nações Unidas. Pacto Global. *Liderança globalmente responsável: um chamado ao engajamento*. Relatório. Bruxelas: The Global Compact/ EFMD, 2004.

_____. *Plano para Liderança em Sustentabilidade Empresarial*. Documento. Nova York: Pacto Global-ONU, 2010.

O'TOOLE, James. *Leading Change: the Argument for Values-Based Leadership*. Nova York: Ballantine, 1996.

PACTO GLOBAL DA ORGANIZAÇÃO DAS NAÇÕES UNIDAS, *Plano para Liderança em Sustentabilidade Empresarial*. Nova York: Pacto Global-ONU, 2010.

"PETER SENGE". Em *Ideia Sustentável*, nº 13, set.-nov. de 2008, seção Livre Pensar.

PRAHALAD, C. K.; NIDUMOLU, Ram; RANGASWAMI, M. R. "Por que a sustentabilidade é hoje o maior motor da inovação", em *Harvard Business Review*, 87 (9), setembro de 2009.

RODDICK, Anita. *Meu jeito de fazer negócios*. São Paulo: Negócio Editora, 2002.

SCHARMER, Otto. *Teoria U: como liderar pela percepção e realização do futuro emergente*. Rio de Janeiro: Campus Elsevier, 2010.

_____ *et al. Presença: propósito humano e o campo do futuro*. São Paulo: Cultrix, 2007.

SCHEIN, Edgar. *Guia de sobrevivência da cultura corporativa* (Rio de Janeiro: José Olympio, 2001).

SCHUMACHER, E. F. *O negócio é ser pequeno*. Rio de Janeiro: Zahar, 1977.

SENGE, Peter. *A quinta disciplina*. São Paulo: Best Seller, 1990.

_____. *A revolução decisiva*. Rio de Janeiro: Campus Elsevier, 2009.

"THE SEARCH for Meaning: a Conversation with Charles Handy". Em HESSELBEIN, Frances & COHEN, Paul M. *De Líder para Líder*. São Paulo: Futura, 1999.

VISSER, Wayne. *Making a Difference: Purpose-Inspired Leadership for Corporate Sustainability & Responsibility*. Saarbrücken: VDM, 2008.

_____ & TOLHURST, Nick (orgs.). *The World Guide to CSR*. Sheffield: Greenleaf, 2010.

Agradecimentos

Quero agradecer aos jornalistas Juliana Lopes e Caio Neuman, respectivamente ex-editora assistente e ex-redator da revista *Ideia Sustentável*, por algumas das entrevistas feitas para a revista e destacadas neste livro.

Quero agradecer ainda a pessoas cujo entusiasmo e apoio, em algum momento do processo de elaboração deste livro, foram fundamentais para o resultado final. São eles: Aghata Faria, Aline Cristina Tomé, Ana Claudia Gonçalves Pais, Claudia Piche, Daniela Cachich, Cecília Conte, Claude Ouimet, Elisa Prado, Fábio Risério, Fernando Almeida, Fernando Egydio Martins, Filipe Moura, Gabriela Calil, Giulia Piche Voltolini, Gislaine Rossetti, Juliana Nunes, Lucia Moreira Pinheiro, Mara Pinheiro, Marcelo Lomelino, Maria Luiza Pinto, Nemércio Nogueira, Percival Caropreso, Ricardo Morato Castilho, Ricardo Young Silva, Renata Voltolini, Rodolfo Gutilla, Rodrigo Vieira da Cunha, Sandro Luiz Rodrigues Rego.